电力生产人身伤亡事故典型案例警示教材

防倒杆伤亡事故

温渡江 编著

U0338354

中国电力出版社
CHINA ELECTRIC POWER PRESS

内 容 提 要

本书为《电力生产人身伤亡事故典型案例警示教材》之防倒杆伤亡事故分册，共收集典型事故案例 30 例，并按事故成因规律将其分为 8 个基本类型。

本分册分为两大部分，第一部分依据现代事故成因理论和我国关于人身事故统计分析的相关规定，并结合电力生产事故统计分析的实际需要，简要介绍了人身伤亡事故分析规则、电力生产人身事故类型、特性及防治要点，以及倒杆塔人身伤害事故类型、形成机理及防止对策。第二部分按照事故分析规则及相关专业理论，对 30 例倒杆塔事故典型案例的直接原因和间接原因，逐一作出了比较规范的分析与研判，并明确指出了导致该事故发生的"违"与"误"。为了提高读者的阅读兴趣，并加深对事故成因规律的认识，还聘请绘画专家为每一个典型事故案例绘制了生动形象的彩色漫画。

本套教材系针对电力企业基层员工量身定做，内容紧密结合工作实际，专业规范的分析与研判、生动形象的卡通人物、鲜活典型且类型齐全的案例警示，能切实促进广大一线员工增强安全意识、提高安全技能。本书可作为电力企业开展安全教育，进行危险点分析与控制的首选培训教材。

图书在版编目（CIP）数据

防倒杆伤亡事故 / 温渡江编著. —北京：中国电力出版社，2015.5
电力生产人身伤亡事故典型案例警示教材
ISBN 978-7-5123-7415-7

Ⅰ.①防… Ⅱ.①温… Ⅲ.①电力工业–伤亡事故–案例–中国–教材
Ⅳ.①TM08

中国版本图书馆CIP数据核字（2015）第054538号

中国电力出版社出版、发行
（北京市东城区北京站西街 19 号　100005　http：//www.cepp.sgcc.com.cn）
北京瑞禾彩色印刷有限公司印刷
各地新华书店经售

*

2015 年 5 月第一版　　2015 年 5 月北京第一次印刷
889 毫米 × 1194 毫米　32 开本　4.125 印张　86 千字
印数 0001—3000 册　　定价 **25.00** 元

前　言

失败是成功之母，说的是一个人只要善于从失败中吸取经验教训，就能获得成功。对于安全生产而言，只要善于分析事故案例，并从中吸取有利于企业安全工作的经验教训，就能有效防止类似事故在本企业发生，并为企业实现长治久安提供重要的决策依据和措施保证。从这个意义上说，事故是安全之母。

本书作者在电力企业连续从事专职安全监督管理工作近40年（含退休后的返聘工作时间）。其间，直接或间接接触过的电力生产人身伤亡事故案例数以千计。通过对这些事故案例进行系统的分析研究，并结合长期从事安全监督管理工作实践所积累的经验和体会，逐步发现了一个带有规律性的东西，即电力系统历年来所发生的五花八门的人身伤亡事故，实际上只不过是为数不多的典型事故案例在不断地重复上演而已。这就是说，典型事故案例中蕴藏着事故成因规律，只要掌握了这些典型事故案例的事故成因模型，就能有效防止各类人身伤亡事故的发生。这就是本书作者编写电力生产人身伤亡事故典型案例警示教材的出发点和落脚点。

本套教材以中国电力出版社于2009年3月出版发行的《供电企业人身事故成因及典型案例分析》为基础，又广泛收集整理了近几年各级电力主管部门印发的事故通报、快报、简报和事故汇编，通过分析对比，按照事故信息相对比较完整、事故类型齐全和简明实用的原则，最终选择了228个典型事故案例，其内容基本上涵盖了国家电网公司《〈电力生产事故调查规程〉事故（障碍）报告统计填报手册》所列举的所有人身伤亡事故类型（暂不包括动物伤害、扭伤及其他）。

本套教材共分为六个分册。分别为：防触电事故、防高处坠落事故、防倒杆伤亡事故、防起重伤害事故、防物体打击事故、防车辆、交通、机械、灼烫及其他伤害事故。每册又分为两大部分，第一部分依据现代事故成因理论和我国关于人身事故统计分析的相关规定，并结合电力生产人身事故统计分析的实际需要，简要介绍了人身伤亡事故分析规则，电力生产人身事故类型、特性及防治要点，以及每分册所述事故类型的形成机理及防治对策。第二部分按照事故分析规则及相关专业理论，对每分册所选典型事故案例的直接原因和间接原因，逐一作出了比较规范的分析与研判，并明确指出了导致该事故发生的"违"与"误"。为了提高读者的阅读兴趣，并加深对事故成因规律的认识，还聘请贺培善为每一事故案例绘制了彩色漫画。在此，编者谨对参与编绘的全体工作人员表示由衷感谢。

本套教材系针对电力企业基层员工而量身定做，内容紧密结合工作实际，专业规范的分析与研判、生动形象的卡通人物、鲜活典型且类型齐全的案例警示，能切实促进广大一线员工增强安全意识、提高安全技能。

鉴于本书作者知识面及履历的局限性，书中的错漏之处在所难免，欢迎各位读者批评指正。

编　者

|目　录|

第一部分

电力生产人身事故成因综合分析及防治要点

第一章　人身伤亡事故分析规则

　　为了规范企业职工人身伤亡事故的调查分析与统计工作，我国制定了《企业职工伤亡事故分类》（GB6441—1986）和《企业职工伤亡事故调查分析规则》（GB6442—1986），这是企业进行人身事故调查分析与统计的最低标准与法律依据。为了帮助读者加深对两个国家标准和人身事故成因规律的理解，提高人身事故统计分析水平，切实发挥事故统计分析在反事故斗争中应有的作用，本章结合供电企业人身伤亡事故统计分析的实际需要，对人身事故统计分析的原理和规则作简要介绍。

一、人身事故统计分析原理

　　进行人身事故统计分析的根本目的是查找事故原因，探寻事故规律，为企业开展反事故斗争提供科学的决策依据。因此，加强对事故成因理论的学习和应用，对于提高企业反事故斗争的分析判断能力和决策水平有着不可替代的作用。

　　事故成因理论是关于事故的形成原因及其演变规律的学问，其研究领域包括事故定义、致因因素、事故模式、演变规律及预防原理。在安全系统工程理论体系中，事故成因理论处于核心地位，是进行事故危险辨识、评价和控制的基础和前提。

　　事故成因理论是一定生产力发展水平的产物，它伴随着工业生产的产生而产生，并伴随着工业生产的发展而发展。

　　事故成因理论的形成和发展，大体上可分为三个阶段，即以事故频发倾向论和海因里希因果连锁论为代表的早期事故成因理论、能量意外释放论理论和现代系统安全理论。

在现代，随着生产技术的提高和安全系统工程理论的发展完善，人们对不安全行为和不安全状态这两个最基本问题的认识也在不断地深化，并逐渐认识到管理因素作为背后原因在事故致因中的重要作用，认识到不安全行为和不安全状态只不过是问题的表面现象，而管理缺陷才是问题的根本，只有找出深层的管理上存在的问题和薄弱环节，改进企业管理，才能有效地防止事故。因此，以安全系统工程理论为导向，事故成因理论进入了一个全新的历史发展时期。在这一时期事故成因理论的主要代表如下所述。

1. 现代因果连锁理论

博德（Frank Bird）在海因里希事故因果连锁理论的基础上提出了现代事故因果连锁理论，其主要观点是：

（1）控制不足——管理。安全管理是事故因果连锁中一个最重要的因素。安全管理者应懂得管理的基本理论和原则。控制是管理机能(计划、组织、指导、协调和控制)中的一种机能。安全管理中的控制指的是损失控制，包括对人的不安全行为和物的不安全状态的控制，这是安全管理工作的核心。

（2）基本原因——起源论。起源论指的是要找出存在于问题背后的基本的原因，而不是停留在表面现象上。基本原因包括个人原因及工作条件两个方面。其中，个人原因包括知识、技能、生理、心理、思想、意识、精神等方面存在的问题；工作条件包括规程制度、设备、材料、磨损、工艺方法，以及温度、压力、湿度、粉尘、有毒有害气体、蒸汽、通风、噪声、照明、周围状况等环境因素。

（3）直接原因——征兆。直接原因是基本原因的征兆和表象，其包括不安全行为和不安全状态两个方面。

（4）事故——接触。从能量的观点把事故看做是人的身体或构筑物、设备与超过其阈值的能量的接触，或人体与妨碍正常活动的物质的接触。

（5）受伤—损坏——损失。伤害包括工伤、职业病，以及对人员精神方面的不利影响。人员伤害及财物损坏统称为损失。

现代因果连锁理论以企业为考察对象，对现场失误（不安全行为和不安全状态）的背后原因（管理失误或管理缺陷）进行了深入的研究，对于企业开展反事故斗争具有很高的指导作用。用系统的观点看问题，一个国家、地区的政治、经济、文化、科技发展水平等诸多社会因素，对事故的发生和预防也有着重要的影响，但这些因素的解决，已超出企业安全工作的研究范围，而充分认识这些因素在事故成因中的作用，综合利用可能的科学技术手段和管理手段来改善企业的安全管理，对于提高企业的反事故斗争水平，却有着十分重要的作用。

2. 轨迹交叉理论

随着生产技术的进步和事故致因理论的发展完善，人们对人与物两种因素在事故致因中的地位与作用，以及相互之间联系的认识不断深化，逐步形成并提出了轨迹交叉理论。

轨迹交叉理论认为，在生产过程中存在人的因素和物的因素两条运动轨迹，两条轨迹的交叉点就是事故发生的时间和空间。该理论将事故的发生发展过程描述为：基本原因→间接原因→直接原因→事故→伤害。两条轨迹的具体内容如下：

（1）人的因素运动轨迹为：①生理、先天身心缺陷；②社会环境、企业管理上的缺陷；③后天的心理缺陷；④视、听、嗅、味、触等感官能量分配上的差异；⑤行为失误。

（2）物的因素运动轨迹为：①设计上的缺陷；②制造、工艺流程上的缺陷；③维护保养上的缺陷；④使用上的缺陷；⑤作业场所环境上的缺陷。

值得注意的是，在许多情况下，人与物的因素是互为因果关系的，即物的不安全状态可以诱发人的不安全行为，人的不安全行为也可以导致物的不安全状态的发生和发展。因此，实际中的事故演变过程，并非简单地按照上面两条轨迹进行，而是呈现较为复杂的因果关系。

人与物两系列形成事故的系统如图 1-1 所示。

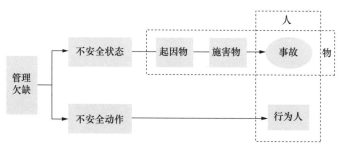

图 1-1　人与物两系列形成事故的系统

轨迹交叉理论突出强调以下两点：

（1）突出强调管理因素的作用，认为在多数情况下，由于企业的管理不善，使工人缺乏教育和训练，或者使设备缺乏维护、检修及安全装置不完备，导致了人的不安全行为或物的不安全状态。这与本书大量事故案例所反映的事实相吻合。

（2）在两条运动轨迹中，突出强调砍断物的事件链，提倡采用可靠性高、结构完整性强的系统和设备，大力推广保险系统、防护系统、信号系统及高度自动化和遥控装置。实践证明，这是一条切实可行并行之有效的防止伤害事故发生的途径。例如：我国电力系统在安装电气防误闭锁装置之前，电气误操作事故及其引发的人身伤害事故频发，而在防护闭锁装置得到普及之后，此类事故便大大减少。又如：美国铁路列车安装自动连接器之前，每年都有数百名工人死于车辆连接作业事故中，铁路部门的负责人把事故的责任归咎于工人的失误，而后来根据政府法令将所有铁路车辆都安装了自动连接器后，该类事故便大大地减少了。

3. 两类危险源理论

根据危险源在事故发生中的作用，可以把危险源划分为两大类。第一类危险源是生产过程中存在的可能发生意外释放的能量或危险物质，第二类危险源是导致能量或危险物质约束或限制措施失效的各种因素。

危险源理论认为，一起伤亡事故的发生往往是两类危险源共同作用的结果。第一类危险源是伤亡事故发生的能量主体，是第二类危险源出现的前提，并决定事故后果的严重程度；第二类危险源是第一类危险源演变为事故的必要条件，决定事故发生的可能性。两类危险源相互关联、相互依存。危险源辨识的首要任务是辨识第一类危险源，然后再围绕第一类危险源辨识第二类危险源。

基于两类危险源理论所建立的事故因果连锁模型如图 1-2 所示。

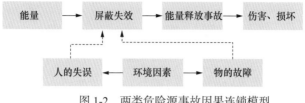

图 1-2　两类危险源事故因果连锁模型

在事故原因统计分析中，我国采用国际上比较通行的因果连锁模型，如图 1-3 所示。

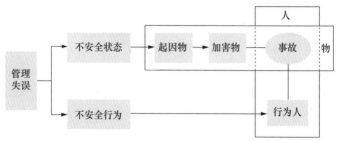

图 1-3　事故统计分析因果连锁模型

该模型着重分析事故的直接原因，即人的不安全行为和物的不安全状态，以及其背后的深层次原因——管理失误。

二、事故分析步骤

（1）整理和阅读调查材料。

（2）按以下七项内容进行分析。

1）受伤部位。指身体受伤的部位。

分类为：①颅脑：脑、颅骨、头皮。②面颌部。③眼部。④鼻。⑤耳。⑥口。⑦颈部。⑧胸部。⑨腹部。⑩腰部。⑪脊柱。⑫上肢：肩胛部、上臂、肘部、前臂。⑬腕及手：腕、掌、指。

⑭ 下肢：髋部、股骨、膝部、小腿。⑮ 踝及脚：踝部、跟部、跖部（距骨、舟骨、跖骨）、趾。

2）受伤性质。指人体受伤的类型。

确定的原则为：①应以受伤当时的身体情况为主，结合愈后可能产生的后遗障碍全面分析确定；②多处受伤，按最严重的伤害分类，当无法确定时，应鉴定为"多伤害"。

分类为：①电伤；②挫伤、轧伤、压伤；③倒塌压埋伤；④辐射损伤；⑤割伤、擦伤、刺伤；⑥骨折；⑦化学性灼伤；⑧撕脱伤；⑨扭伤；⑩切断伤；⑪冻伤；⑫烧伤；⑬烫伤；⑭中暑；⑮冲击；⑯生物致伤；⑰多伤害；⑱中毒。

3）起因物。导致事故发生的物体、物质，称为起因物。例如：锅炉、压力容器、电气设备、起重机械、泵、发动机、企业车辆、船舶、动力传送机构、放射性物质及设备、非动力手工具、电动手工具、其他机械、建筑物及构筑物、化学品、煤、石油制品、水、可燃性气体、金属矿物、非金属矿物、粉尘、梯、木材、工作面（人站立面）、环境、动物等。

4）致害物。指直接引起伤害及中毒的物体或物质。例如：煤、石油产品、木材、水、放射性物质、电气设备、梯、空气、工作面（人站立面）、矿石、黏土、砂、石、锅炉、压力容器、大气压力、化学品、机械、金属件、起重机械、噪声、蒸汽、手工具（非动力）、电动手工具、动物、企业车辆、船舶等。

5）伤害方式。指致害物与人体发生接触的方式。分类为：①碰撞：人撞固定物体、运动物体撞人、互撞。②撞击：落下物、飞来物。③坠落：由高处坠落平地，由平地坠入井、坑洞。④跌倒。⑤坍塌。⑥淹溺。⑦灼烫。⑧火灾。⑨辐射。⑩爆炸。

⑪ 中毒：吸入有毒气体、皮肤吸收有毒物质、经口。⑫ 触电。
⑬ 接触：高低温环境、高低温物体。⑭ 掩埋。⑮ 倾覆。

6）不安全状态。指能导致事故发生的物质条件。

a. 防护、保险、信号等装置缺乏或有缺陷。①无防护：无防护罩、无安全保险装置、无报警装置、无安全标志、无护栏或护栏损坏、（电气）未接地、绝缘不良、风扇无消音系统、噪声大、危房内作业、未安装防止"跑车"的挡车器或挡车栏、其他。②防护不当：防护罩未在适当位置、防护装置调整不当、坑道掘进、隧道开凿支撑不当、防爆装置不当、采伐、集材作业安全距离不够、放炮作业隐蔽所有缺陷、电气装置带电部分裸露、其他。

b. 设备、设施、工具、附件有缺陷。①设计不当，结构不合安全要求：通道门遮挡视线、制动装置有缺欠、安全间距不够、拦车网有缺欠、工件有锋利毛刺和毛边、设施上有锋利倒棱、其他。②强度不够：机械强度不够、绝缘强度不够、起吊重物的绳索不合安全要求、其他。③设备在非正常状态下运行：设备带"病"运转、超负荷运转、其他。④维修、调整不良：设备失修、地面不平、保养不当、设备失灵、其他。

c. 个人防护用品用具缺少或有缺陷。①无个人防护用品、用具。②所用的防护用品、用具不符合安全要求。

d. 生产（施工）场地环境不良。①照明光线不良：照度不足、作业场地烟雾尘弥漫视物不清、光线过强。②通风不良：无通风、通风系统效率低、风流短路、停电停风时放炮作业、瓦斯排放未达到安全浓度放炮作业、瓦斯超限、其他。③作业场所狭窄。④作业场地杂乱：工具、制品、材料堆放不安全，采伐时未开

"安全道"，迎门树、坐殿树、搭挂树未作处理，其他。⑤交通线路的配置不安全。⑥操作工序设计或配置不安全。⑦地面滑：地面有油或其他液体、冰雪覆盖、地面有其他易滑物。⑧储存方法不安全。⑨环境温度、湿度不当。

7）不安全行为。指能造成事故的人为错误。

a. 操作错误，忽视安全，忽视警告。未经许可开动、关停、移动机器；开动、关停机器时未给信号；开关未锁紧，造成意外转动、通电或泄漏等；忘记关闭设备；忽视警告标志、警告信号；操作错误（指按钮、阀门、扳手、把柄等的操作）；奔跑作业；供料或送料速度过快；机械超速运转；违章驾驶机动车；酒后作业；客货混载；冲压机作业时，手伸进冲压模；工件紧固不牢；用压缩空气吹铁屑；其他。

b. 造成安全装置失效。拆除了安全装置；安全装置堵塞，失掉了作用；调整的错误造成安全装置失效；其他。

c. 使用不安全设备。临时使用不牢固的设施；使用无安全装置的设备；其他。

d. 手代替工具操作。用手代替手动工具；用手清除切屑；不用夹具固定、用手拿工件进行机加工。

e. 物体（指成品、半成品、材料、工具、切屑和生产用品等）存放不当。

f. 冒险进入危险场所。冒险进入涵洞；接近漏料处（无安全设施）；采伐、集材、运材、装车时，未离危险区；未经安全监察人员允许进入油罐或井中；未"敲帮问顶"开始作业；冒进信号；调车场超速上下车；易燃易爆场合明火；私自搭乘矿车；在绞车道行走；未及时瞭望。

g. 攀、坐不安全位置（如平台护栏、汽车挡板、吊车吊钩）。

h. 在起吊物下作业、停留。

i. 机器运转时加油、修理、检查、调整、焊接、清扫等工作。

j. 有分散注意力行为。

k. 在必须使用个人防护用品用具的作业或场合中，忽视其使用。未戴护目镜或面罩；未戴防护手套；未穿安全鞋；未戴安全帽；未佩戴呼吸护具；未佩戴安全带；未戴工作帽；其他。

l. 不安全装束。在有旋转零部件的设备旁作业穿过肥大服装；操纵带有旋转零部件的设备时戴手套；其他。

m. 对易燃、易爆等危险物品处理错误。

（3）确定事故的直接原因。

（4）确定事故的间接原因。

（5）确定事故责任者。

三、事故原因分析

1. 直接原因

（1）物的不安全状态。

（2）人的不安全行为。

2. 间接原因

管理缺陷或管理失误：①技术和设计上有缺陷——工业构件、建筑物、机械设备、仪器仪表、工艺过程、操作方法、维修检验等的设计、施工和材料使用存在问题。②教育培训不够，未经培训，缺乏或不懂安全操作技术知识。③劳动组织不合理。④对现场工作缺乏检查或指导错误。⑤没有安全操作规程或不健全。⑥没有或不认真实施事故防范措施,对事故隐患整改不力。⑦其他。

3. 分析步骤

在分析事故时,应从直接原因入手,逐步深入间接原因,从而掌握事故的全部原因,再分清主次,进行责任分析。

四、事故责任分析

事故责任分析的目的,在于分清责任,作出处理,使企业领导和职工从中吸取教训,改进工作。

(1)根据事故调查所确认的事实,通过对直接原因和间接原因的分析,确定事故中的直接责任者和领导责任者。

(2)在直接责任者和领导责任者中,根据其在事故发生过程中的作用,确定主要责任者。

(3)根据事故后果和事故责任者应负责任提出处理意见。

五、事故结案归档材料

当事故处理结案后,应归档的事故资料如下:①职工伤亡事故登记表;②职工死亡、重伤事故调查报告书及批复;③现场调查记录、图纸、照片;④技术鉴定和试验报告;⑤物证、人证材料;⑥直接和间接经济损失材料;⑦事故责任者的自述材料;⑧医疗部门对伤亡人员的论断书;⑨发生事故时的工艺条件、操作情况和设计资料;⑩处分决定和受处分的人员的检查材料;⑪有关事故的通报、简报及文件;⑫注明参加调查组的人员姓名、职务、单位。

事故资料是进行安全教育的宝贵教材。它揭示了生产劳动过程中的危险因素和管理缺陷，对生产、设计、科研工作都有指导作用。同时，它也是制定安全规章制度和反事故措施的重要依据。建立必要的制度，认真保存好事故档案，发挥其应有作用，是搞好安全生产工作的重要环节。

第二章　电力生产人身事故类型、特性及防治要点

一、电力生产人身事故类型

进行事故分类的目的是为了更好地认识和掌握事故规律。科学的事故分类能使事故管理工作做到系统化和有序化，从而极大地提高人们的认识效率和工作效率。

由于人身事故的属性是多方面的，因而分类的方法也是多种多样，在不同的情况下，可以采用不同的分类方法。具体采用何种方法，要视表述和研究对象的情况而定。

进行事故分类的四项基本原则是：①最大表征事故信息原则；②类别互斥原则；③有序化原则；④表征清晰原则。

本书从进行电力生产人身事故成因及典型案例分析的需要出发，在事故类型上采用国家电网公司《〈电力生产事故调查规程〉事故（障碍）报告统计填报手册》（2006-1-1实施）的分类方法。该方法按照造成人员第一伤害的直接原因，将电力生产人身事故分为21个类型。这21个事故类型的名称及含义如下：

（1）触电。指电流流经人身造成的生理伤害。包括在生产作业场所发生的直接、间接、静电、感应电、雷电、跨步电压等各种触电方式所造成的伤害。触电后如发生高处坠落、电灼伤、淹溺等第二伤害，均统计为触电事故，而不按第二伤害的类型统计为高处坠落、灼烫伤、淹溺等事故。

（2）高处坠落。指由于危险重力势能差所引起的伤害。主要指高处作业所发生的坠落，也适用于高出地面的平台陡壁作业及地面失足坠入孔、坑、沟、升降口、料斗等坠落事故。不包括触电或其他事故类别引发的坠落事故。

（3）倒杆塔。指因输配电线路杆塔倾倒而使现场人员受到的伤害。GB 6441—1986 中无此分类，向政府安全生产监督管理部门上报时，可根据实际情况按高处坠落、物体打击或起重伤害事故类别处理。

（4）物体打击。指因落下物、飞来物、滚石、崩块等运动中的物体所造成的伤害。包括砍伐树木作业发生"回头棒"、"挂枝"伤害和锤击等。不包括因倒杆塔和爆炸引起的物体打击。

（5）机械伤害。指各种机械设备和工具引起的绞、碾、碰、卷扎、割戳、切等造成的伤害。不包括车辆、起重、锅炉、压力容器等已列为其他事故类别的机械设备所引起的伤害。

（6）起重伤害。指从事起重作业时引起的机械性伤害。抓煤机、堆取料机及电动葫芦、千斤顶、手拉链条葫芦、卷扬机、线路的张力机等均属于起重机械。起重作业时，由于起重机具、绳索及起重物等与人体接触所造成的机械性伤害，均应统计为起重伤害，而不应统计为其他事故类别。

（7）车辆伤害。指凡生产区域内及进厂、进变电站的专用道路或乡村道路（交通部门不处理事故的道路）发生机动车辆（含汽车类、电瓶车类、拖拉机类、有轨车辆类、施工车辆类等）在行驶中发生挤压、坠落、撞车或倾覆，行驶时人员上下车，发生车辆运输挂摘钩、车辆跑车等造成的人员伤亡事故；本企业负有"同等责任"、"主要责任"或"全部责任"的本企业职工伤亡事故，应作为电力生产事故统计上报。若车辆伤害不涉及其他企业，则不论责任如何认定（含受伤害职工本人负有责任）均应统计为本企业电力生产事故。

（8）淹溺。指大量水经口、鼻进入肺，造成呼吸道阻塞，发生急性缺氧而窒息死亡。

（9）灼烫。指火焰烧伤、高温物体烫伤、化学灼伤（酸、碱、盐、有机物引起的体内外灼伤）、物理灼伤（光、放射性物质引起的体内外灼伤），不包括电灼伤和火灾引起的烧伤。

（10）火灾。企业中发生的在时间和空间上失去控制的燃烧所造成的人身伤害。

（11）坍塌。建筑物、构筑物（含脚手架）、堆置物料倒塌及土石方塌方引起的伤害。不适于车辆、起重机械、爆破引起的坍塌。

（12）放炮。指爆破作业中发生的人身伤害。

（13）中毒和窒息。在生产条件下，毒物进入机体与体液，细胞结构发生生化或生物物理变化，扰乱或破坏机体的正常生理功能。食物中毒和职业病均不列入本事故类别。

（14）刺割。指工作时钉子戳入脚，身体被金属或刀片快口割破。GB 6441—1986 中无此分类，向政府安全生产监督管理部门上报时，可按其他事故类别处理。

（15）道路交通。凡职工（含司机及乘车职工）在从事与电力生产有关的工作中，发生的由公安机关调查处理的道路交通事故，且在《道路交通事故责任认定书》中判定本方负有"同等责任"、"主要责任"或"全部责任"，则本企业职工伤亡人员作为电力生产事故。本企业车辆造成他方车辆损坏或人身伤亡、道路行人、骑车人伤亡，仅向道路交通部门报，电力生产不予统计。

（16）跌倒。指由于跌到而造成的人身伤害。

（17）扭伤。指由于用力不当造成腰间盘脱出、骨关节脱位、肌肉拉伤、肌肉撕裂等伤害。

（18）动物伤害。指由于动物或昆虫造成的伤害。

（19）受压容器爆炸。指锅炉汽水受热面爆破、汽水压力管道、生产性压力容器（除氧器、加热器、压缩气体储罐、氢罐等）发生的物理性爆炸（容器壁破裂）和化学爆炸。

（20）其他爆炸。指所有除火药、锅炉、压力容器、气瓶爆炸以外的爆炸事故。如可燃气体（乙炔、氢、液化气、煤气等）、可燃性蒸汽（汽油、苯）、可燃性粉尘（镁、锌粉、棉麻纤维、煤尘等）与空气混合引起的爆炸。锅炉燃烧室爆炸（炉膛放炮）也属此类事故。

（21）其他。指凡不能列入上述类别的伤亡事故。

对于以上事故类型的形成原因，本书将依据事故分类四项基本原则，并结合电力生产事故调查分析的实践经验和典型事故案例进行细分类。

二、电力生产人身事故成因基本特性

1. 集中性

根据历年事故统计资料分析，在《〈电力生产事故调查规程〉事故（障碍）报告统计填报手册》所列的 21 个事故类型中，主要集中在触电、高处坠落、倒杆、物体打击和起重伤害五种事故类型上。这种集中性，很显然地是由电力生产的核心业务内容及其行业特征所决定的。

以本书作者曾经收集的 451 个事故案例为例，各类事故所占的比重如表 2-1 所示。

表 2-1　　　　　供电企业人身事故分类统计表

事故类别	触电	高处坠落	倒杆	物体打击	起重伤害	其他	合计
事故次数	238	70	39	29	25	50	451
比重（%）	52	16	9	6	6	11	100

2. 倾向性

倾向性包括人的倾向性和单位（部门）的倾向性。人的倾向性指的是人身事故的肇事者和伤亡人员具有十分相近的素质特征，即绝大多数的事故都发生在青工、临时工、外包工、民工、农电工等素质水平较低的人员身上。单位或部门的倾向性指的是事故多发生在工作任务比较繁重或安全管理比较薄弱的单位或部门，输、配、变三个专业的人身事故大约占企业事故总数的 95%。

以本书作者曾经收集的 451 个事故案例为例，电力生产各专业人身事故所占的比重如表 2-2 所示。

表 2-2　　　　　供电企业人身事故专业分类统计表

专业类别	变电	输电	配电	其他	合计
事故次数	134	163	127	27	451
比重（%）	30	36	28	6	100

3. 季节性

由于电力生产的生产活动受季节的影响比较大，因而其人身事故的发生也带有一定的季节性。与设备事故的季节性不同的是，设备事故的季节性受自然因素的影响比较大，而人身事故的季节性则主要受生产活动频度的影响，也就是说在工作比较繁忙的季节，发生人身事故的概率比较大。

以本书作者曾经收集的 451 个事故案例为例，电力生产人身伤亡事故月（季）度统计表如表 2-3 所示。

表 2-3　　　供电企业人身伤亡事故月（季）度统计表

月份	1	2	3	4	5	6	7	8	9	10	11	12
次数	36	29	37	47	43	45	51	38	37	32	37	19
季度合计		102			135			126			88	
比重(%)		23			30			28			19	

4. 违误性

电力生产的人身事故几乎百分之百地与"违"、"误"二字有关。

"违"与"误"是不安全行为和管理缺陷的本质特征，是导致各种不安全因素滋生、滋长并演变为事故的最活跃、最直接的因素，本书的事故案例分析十分清楚地反映了这一点。

5. 多因性

多因性指的是某一事故的发生往往是由多方面的因素造成的，除了与不止一种的不安全行为和不安全状态相关以外，还与不止一种的管理因素有关。纯属某一人或某一元素造成的事故案例几乎不存在。这一点在本书的事故案例分析中也可以看得十分清楚。

6. 潜伏性

由于事故的多因性，事故的形成往往需要一定的潜伏期，以等待激发因素的出现。从事故分析中也可以清楚地看到这一点，即一次事故的发生往往是一系列关口失守和各种不安全因素长期积累的结果。从一定意义上说，事故的这种潜伏性既是习惯性违章产生的原因，也是习惯性违章的必然结果。

7. 可控性

通过对事故案例的分析，人们不难发现，导致事故的直接原因其实都很简单，并不存在无法逾越的技术难题，只要当初真正用心提防，所有的事故都是可以控制和避免的。

8. 重复性

重复性指的是同类型事故在相同或不同时空重复出现的现象。事故的重复性是企业对事故安全教育重视不够的必然结果。如果企业能够组织职工认真学习相关事故资料，并注意从事故案例中吸取教训、举一反三、查找隐患、采取防范措施，那就不可能导致事故的重复发生。

三、电力生产人身事故防治要点

电力生产的反事故斗争应以现代事故成因理论为依据，以安全系统工程理论为导向，牢固树立科学发展观，认真做好宏观控制与微观控制两篇文章。宏观控制指的是企业反事故斗争的总体思路与对策，微观控制指的是针对具体的事故类型而采取的控制措施和方法。本节主要探讨宏观控制的问题。

1. 依据人机环境系统本质安全化原理，实现生产要素的优化配置及和谐运转

人机环境系统本质安全化，指的是在一定技术经济条件下，通过改善企业的安全管理，将人机环境系统建设成为各生产要素安全性品质最佳匹配的系统。也就是说，人机环系统本质安全化追求的目标，是系统整体安全品质的最佳化，是各生产要素之间的和谐相处，而并非某一个别要素的高标准。很显然，要实现这一目标，管理机制是决定因素。

实现生产要素优化配置的基本流程如图 2-1 所示。

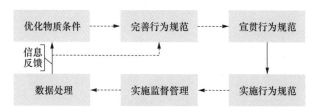

图 2-1　人机环境系统生产要素优化配置的基本流程

图 2-1 中各节点和流程的含义如下：

（1）优化物质条件。

优化物质条件指的是企业的设备、机械、物料、作业环境及劳动防护用品等物质条件的安全品质，应在满足国家或行业标准的基础上，通过技术经济比较，尽量采取先进技术，使之不断得到提高，并通过维护保养来保证其安全品质的稳定性。物质条件的优化是生产要素优化配置的前提和基础。

（2）完善行为规范。

企业应在现有的物质条件下，通过系统安全分析，建立健全安全规章制度和操作规程，有针对性地制订现场安全措施，

以使企业的各项生产活动做到有章可循、规范有序。

（3）宣贯行为规范。

行为规范产生后，企业应通过各种行之有效的方式方法，加强教育培训和考核工作，以使全体职工牢牢掌握其应知应会的全部规范内容，不留任何漏洞和薄弱环节。

（4）实施行为规范。

企业的全体职工均应严格按行为规范办事，做到有章必依。

（5）实施监督管理。

在企业实施行为规范的过程中，企业的领导和管理人员应加强监督管理，做到执法必严，奖惩严明。

（6）数据处理。

企业在实施行为规范的过程中，应注意积累各种数据资料，并定期进行数据分析与处理，从中提取有用信息，为企业优化物质条件和完善行为规范提供决策依据。

2. 用懂、慎、真的安全意识和严、细、实的工作作风加强职工队伍建设

懂、慎、真的安全意识和严、细、实的工作作风是生产安全行为的本质和精髓，是不安全行为和不安全状态的克星。严、细、实的工作作风已提倡多年，而懂、慎、真的安全意识则是本书作者比较新颖的提法，其基本含义是：懂是指对所办事情的相关知识、信息了解、明白、掌握、在行；慎是指一个人在办事的过程中应怀有忧患意识，要谨慎、当心、用心；真是指要有说真话、办实事和实事求是的精神。

明白了上述含义，就不难理解用懂、慎、真的安全意识和严、细、实的工作作风加强职工队伍建设的必要性和重要性。

3. 有针对性地开展危险点分析与控制

由于电力生产的生产活动，尤其是输配电线路作业带有较大的随机性，因此不可能将所有行为规范都标准化，而必须根据不同的作业时间、地点、人员、工作内容及环境条件采取有针对性的控制措施，这就需要经常地有针对性地开展危险点分析与控制。

危险点分析与控制指的是在施工作业前，针对某一特定的生产活动，通过一定的方法和途径，运用安全系统工程的理论与方法，从生产要素（人、物、环境、管理和程序）的各个方面、环节及部位，对作业中可能出现的危险点及其演化为事故的必要条件进行分析判断，从而有针对性地采取控制措施，并在实际工作中认真贯彻执行，以防止各种生产安全事故的发生，达到安全生产的目的。

在进行危险点分析与控制时，应注意运用"六点两面五要素"的理念对各生产要素进行一次全方位的搜索或扫描。这样做的好处是可以弥补人们在思考问题时可能存在的某种局限性，避免孤立、静止、片面地看问题，能抓住问题的重点和关键，提高办事的效益和效率。但应切忌思维方式的绝对化，要正确处理一般与特殊、共性与个性的关系，既要注意掌握同类型工作危险点控制的一般规律，又要善于结合现场实际，做到具体问题具体分析，以增强措施的针对性和实效性。

"六点两面五要素"的理念指的是在进行危险点分析与控制的过程中，应以"六点"和"两面"作为观察、分析问题的方法和视角，而以"五要素"作为观察、分析问题的对象或客体，进行全方位、多视角的分析研究，有重点、有针对性地采取防范措施。

"六点"的名称和基本含义是：

（1）重点。指在某一特定的生产活动中影响安全的主要矛盾和矛盾的主要方面。

（2）要点。指可能导致某种事故发生的关键或激发因素。

（3）疑点。指某项施工作业所涉及的而尚未被认识的技术问题，例如，新技术、新工艺、新设备、新材料的技术性能和参数，以及在施工作业过程中发生的某些异常现象等。

（4）难点。指安全生产中遇到的难度较大的技术、安全问题，或不良作业环境为施工作业带来的各种问题和困难。

（5）弱点。指各生产要素及其组合方式中存在的不足和薄弱环节。

（6）盲点。指施工中突然出现的出乎当事人意料的各种问题和不安全因素。

"两面"指的是在进行危险点分析与控制时，应从宏观和微观两个方面进行观察与思考。不要只见树木不见森林，也不可只见森林不见树木。

"五要素"指的是人、物、环境、管理和程序（办事规则）这五个基本要素。其中，管理指的是与现场作业相关联的组织、指挥、控制、协调、监督、指导等管理性工作；办事规则指的是现场作业的程序和方法，它好比电脑的程序软件，是现场各生产要素有序运作的灵魂。

用"六点两面五要素"的理念进行危险点分析与控制，可以避免盲目性，增强针对性；避免片面性，增强全面性；避免孤立性，增强系统性，收到事半功倍的效果。

4. 用辩证唯物主义和系统论的观点，正确认识各生产要素在事故成因中的地位与作用

成因理论的本质特征，是分析研究各生产要素在事故成因中的地位和作用及其相互之间的联系。与这一本质特征相适应的研究方法，是辩证唯物主义和现代安全系统理论。

（1）应全面、系统、实事求是地分析评价各生产要素，包括人、物、环境和管理，在事故成因中的地位和作用，而不应有任何的偏废或疏漏。

（2）应辩证地看待各生产要素之间的联系和作用，而不应孤立、片面、机械地强调某一个方面而否定另一个方面。人的不安全行为可以造成物的不安全状态，物不安全状态也可以引发人的不安全行为，甚至于一个事物本身就同时具有不安全行为和不安全状态两种属性。例如：停电作业中不采取验电接地措施，从人的角度看，它是一种不安全行为，而从物的角度看，则又是一种不安全状态。又如：杆塔的登高设施不完善是一种不安全状态，而登高作业人员如因登高设施的不完善而导致动作失误，则又演变为一种不安全的行为。在管理与人、物的关系上也是如此。一方面，管理因素是不安全行为和不安全状态的根源和控制因素；另一方面，不安全行为和不安全状态又可反作用于管理，成为改进管理的压力与动力。因此，各生产要素之间在客观上存在着一种既相互矛盾又相互依存的对立统一关系。

（3）应在系统分析的基础上，明确各生产要素在事故成因中的层次性及相互之间的基本对应关系。这种关系如图 2-2所示。

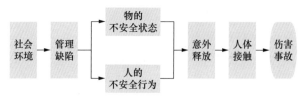

图 2-2 企业人身伤亡事故因果连锁系统总流程

图 2-2 中各节点及流程的基本含义如下：

（1）社会环境。主要指来自社会各方面的能够对企业的正常生产秩序产生干扰或影响的各种因素，主要表现为各种突发性事件。例如在停电检修工作中突然因某种原因而必须提前恢复送电，以及在线路施工作业中发生的各种社会纠纷等。

（2）管理缺陷。指能导致人的不安全行为和物的不安全状态的管理因素。

（3）人的不安全行为。指作业现场各类人员能导致人身伤害事故的作为或不作为。

（4）物的不安全状态。指能导致人身伤害事故的设备、施工机具、物料及作业环境中存在的不安全因素。

（5）意外释放。指能量或有害物质的意外释放。应注意的是，能量的意外释放既包括实物所具有的能量，也包括人体所具有的能量，例如在坠落、摔跌、碰撞事故中，人体势能和动能的意外释放等。

（6）人体接触。指人体与有害物质或能量的接触。如果这种接触不存在，即使有能量和有害物质的意外释放，也不会造成人员伤害事故。

（7）伤害事故。如果前面各节点均被攻破，则不可避免地会产生本节点所包括的各种人身伤亡事故。

5. 抓住引发事故的要害因素"违"与"误"

依据企业生产活动的时空特征,可将其分为重复性事件和随机性事件两大部分。重复性事件的行为规范可以形成统一的标准,即国家标准、行业标准和企业标准(含规程制度);而随机性事件的行为规范则无法形成统一的标准,只有通过制订针对性的措施,才能达到规范行为的目的。因此,"标准"与"措施"实际上就是企业安全生产行为规范的代名词。如果拒不执行这些事先订立的"标准"或"措施",那就是"违";如果在执行的过程中,由于执行者的思想、知识、生理、心理和精神状态因某种不良因素的干扰而出现非故意性的差错,或者"标准"与"措施"本身也存在某些不够完善甚至错误的地方,那就是"误"。

"违"与"误"的共性是它们都偏离了事物发展所应遵循的正确轨道即客观规律。而两者的个性则在于,"违"的偏离有明确的对象(事先订立的"标准"或"措施"),因而带有明显的故意性和习惯性,是一个思想认识和工作态度问题;而"误"的偏离则是一种不自觉的行为,即当事人的所作所为只是凭直觉或经验办事,并没有明确的依据,因而带有较大的盲目性和随机性,是一个知识水平和工作能力问题。

实践证明,"违"与"误"是人身事故的基本属性之一,是引发事故的最直接、最关键的因素,在本书所列的事故案例中,无一不是由"违"或"误"造成的。因此,企业的反事故斗争必须紧紧抓住反"违"与治"误"这个要害因素。

"违"与"误"的关系是辩证统一的关系,即违中有误,误中有违,误是根本,违是关键,互为因果,密不可分。只提反违章，不提反误，实际上带有较大的片面性。这是因为，如果从本质上看问题，违实际上也是一种误的表现，而所谓的"章"也存有误的可能性。因此，反违不反误，病根未抓住；反误不反违，难以有作为。只有将"违"与"误"结合起来，才能正确全面地解释事故成因规律。

6. 正确理解"事故 = 必然因素 + 偶然因素"的含义

事故是一个概率事件。事故概率的大小取决于事物的必然性和偶然性两个方面。因此，可以说事故是存在于相应事物之中的某种必然因素和偶然因素综合作用的结果。

必然因素指的是事故发生前就已经存在于作业现场的不安全行为和不安全状态。这种因素虽然是事故发生的必要条件，但在通常情况下只表现为一种危险，而不一定立即演变为事故，人们常说的习惯性违章就是这样一种危险。而偶然因素则是指尚未被当事者认识的能够在某种特定条件下导致事故发生的因素。由于人们认知能力的局限性，这种偶然因素实际上是一种无法完全避免的因素。因此，要想使上述公式中的事故不成立，就必须彻底清除可能导致事故发生的"必然因素"（某种特定条件）。这是上述公式中所蕴含的具有深刻哲理的真正含义。正确理解这一含义，对于牢固树立安全风险防范意识，努力实现生产要素的本质安全化，具有十分重要的现实意义。

综上所述，可以将人身事故的防止要点归纳为四句话，即加强管理是根本，防止违误是关键，必然偶然须认清，理念正确方安全。

第三章 倒杆塔人身伤害事故类型、形成机理及防止对策

一、倒杆塔人身伤害事故基本类型

倒杆塔人身伤害事故是指因杆塔倒断所造成的人身伤害事故（不包括起重状态下的杆塔）。依据导致杆塔倒断的主要原因，可以将其分为以下 8 种类型：

（1）杆塔稳固措施缺失。指导致杆塔倒断的主要原因是未采取杆塔稳固措施所致的倒杆塔人身伤害事故，例如：不打临时拉线，或不落实其他应采取的安全措施等。

（2）杆塔稳固措施缺陷。指导致杆塔倒断的主要原因是杆塔稳固措施缺陷所致的倒杆塔人身伤害事故，例如：临时拉线设置的数量不足，方向不正确，位置不当，机械强度偏小；临时拉桩埋设过浅，规格偏小，位置不当等。

（3）组织指挥失误。指杆塔倒断的主要原因是组织指挥失误所致的倒杆塔人身伤害事故，例如：立撤杆的方法与措施不正确，人员安排不当，现场管理混乱等。

（4）调整杆塔失误。指导致杆塔倒断的主要原因是调整杆塔的方法和顺序失误所致的倒杆塔人身伤害事故，例如：新拉线未固定好就拆除旧拉线，多根拉线调整速度不一致等。

（5）突然断线。指导致杆塔倒断的主要原因是导线非正常

断开所致的倒杆塔人身伤害事故，例如：突然剪断导地线，导地线因自身的缺陷在正常牵引力下断开等。

（6）外力拉挂。指导致杆塔倒断的主要原因是杆塔承受的非正常外力所致的倒杆塔人身伤害事故，例如：来往车辆挂住导、地线或在放紧线的过程中发生卡线故障等。

（7）设备装置性缺陷。指导致杆塔倒断的主要原因是杆塔及其附属设施存在的装置性缺陷所致的倒杆塔人身伤害事故，例如：杆塔设计标准过低，安装质量不良，杆塔构件或零部件不合格或严重腐蚀、老化、受损等。

（8）冒险蛮干。指导致杆塔倒断的主要原因是冒险蛮干所致的倒杆塔人身伤害事故，例如：冒险攀登危塔作业等。

二、倒杆塔人身伤害事故的基本特点和形成机理

1. 倒杆事故的基本特点

（1）高危性。高危性指的是倒杆塔事故发生的频率和死亡率均比较高，其综合危害性在电力生产仅次于触电事故和高处坠落而名列第三。尤其是，在立、撤杆或放、紧线施工中，由于施工人员多、场面大、情况复杂，因而存在发生重大或恶性人身伤害事故的危险性。

（2）倾向性。从造成人身伤害的客体来看，倒杆塔人身伤害事故具有明显的倾向性，即其客体主要集中在输配电专业中的年龄在 20～45 周岁的登杆作业人员。这种倾向性主要取决于企业的主业性质和管理水平，以及人员从事登杆作业的频率和持续时间。

（3）违误性。在电力生产中，与倒杆事故相关的作业，往

往是对组织纪律性和施工人员相互之间的配合要求很高的作业，如放、紧线工作点多、线长、面广，有时可能需要数百人配合作业。因而，在此类施工作业中，施工程序及方法的正确合理性，以及现场负责人员的组织指挥能力，对施工作业安全起着至关重要的作用。大量的事故案例表明，几乎所有的倒杆塔人身伤害事故，都与施工负责人或现场作业人员的失误有着密不可分的关系。

（4）可控性。倒杆塔人身伤害事故的违误性决定了它的可控性。实践证明，只要施工队伍或人员具备相应的资质条件，并能结合现场实际制订出完善的施工方案和组织技术措施，倒杆塔事故的发生是完全可以控制和避免的。

2. 倒杆塔人身伤害事故形成机理

倒杆塔人身伤害事故成因模型如图 3-1 所示。

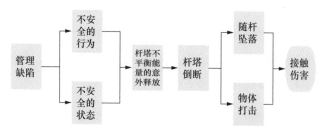

图 3-1　倒杆塔人身伤害事故成因模型

图 3-1 中各节点及流程的含义如下：

（1）管理缺陷、不安全行为及不安全状态。管理缺陷、不安全行为和不安全状态在事故成因中的地位和作用如前所述。管理缺陷主要指在施工方案和组织技术措施的制订和实施方面存在的问题；不安全行为主要指现场指挥人员及施工人员的作业行为是否正确规范，是否符合规程和现场组织技术措施的要求；不安全状态是指杆塔是否存在装置性缺陷，以及其稳固措施是否正确完备。

（2）杆塔不平衡能量的意外释放。在施工作业中，因运行和施工因素的影响，一基杆塔可能要承受多种应力的作用，如果这些应力的合力超过了杆塔的承受能力，就可能引起杆塔不平衡能量的意外释放，即造成杆塔的意外变形或损坏。

（3）杆塔倒断。当杆塔的意外变形或损坏累积到一定水平时，就有可能造成杆塔的倒落或断裂。

（4）随杆坠落和物体打击。杆塔发生倒断后，一方面可造成杆塔上工作人员的坠落，形成高处坠落伤害；另一方面，运动中的杆塔及其部件，以及由倒杆能量所带动的其他物体（包括导线、绳索、桩锚或其他物体），则可能对人体构成多种形式的物体打击。

（5）接触伤害。在倒杆塔的过程中，如果现场人员所处位置不安全或躲避不及时，就有可能与倒落中的杆塔或其他运动中的物体相接触，伤害便不可避免。

三、倒杆事故防止对策

根据上述分析可以知道，防止倒杆事故的关键是防止杆塔不平衡应力的突然释放。要做到这一点，必须结合现场实际认真落实以下四项基本措施：

（1）保证杆塔强度的稳固性。要防止倒杆事故的发生，首先必须保证杆塔自身结构的稳固性，即杆塔的构件及零部件必须完整，无明显的腐蚀、变形或损伤现象，尤其是杆塔的主材、基础、杆根、拉线等关键部分的状态，必须完好且符合规范要求。

（2）保证杆塔作用力系的可靠性。杆塔作用力指的是对杆塔施加作用力的物质系统，含拉线（含临时拉线）、拉桩（含临时拉桩）、地锚（含临时地锚）、导地线，以及其他架设于杆塔的设备或设施等。在施工作业的过程中，如果这些物质条件发生突然变化，都可能对杆塔的稳定性产生不良影响。例如：导地线、拉线突然被拉断、拉桩被拔起等，都可能引起杆塔的倒断。因此在施工作业前，必须检查核实这些物质条件的安全可靠性，严禁使用不合格的施工机具和材料。

（3）保证杆塔与其作用力系之间的适应性。保证杆塔与其作用力系之间的适应性，就是要保证杆塔的机械强度和抗倾覆能力能够承受其作用力系的不平衡应力，并保持足够的安全系数。这就要求工程技术人员能够在施工作业前进行必要的分析与计算，以采取正确完备和科学合理的控制措施。

（4）做好个人安全防护措施，防止意外伤害。在保证上述三项基本条件符合施工安全要求的前提下，做好个人安全防护措施依然十分必要。这是因为，人的认识能力往往具有一定的局限性，出差错的概率不可能为零，因而只有采取了相应的安全防护措施，才能防患于万一。这里所说的个人安全防护措施主要有两条，一是"两穿一戴"要规范，二是作业人员在施工作业中的位置要符合规程规范或现场安全要求，例如：在立、撤杆塔的过程中，除指挥人员外，其他人员都应在离杆根1.2倍杆高的距离以外。

第二部分

倒杆塔人身伤害事故典型案例警示

一、杆塔稳固措施缺失

1. 湖北 790403 某 35kV 线路撤杆，电杆埋深不够，不采取任何安全措施，盲目蛮干，随杆坠落 3 死 1 伤

【事故经过】

1979 年 4 月 3 日 14 时，在湖北省某 35kV 线路 10 ~ 20 号杆改道工程中，某县电力局外线队副队长陈 ×× 安排龚 ××、王甲（男，32 岁）、熊 ××（男，38 岁）、王乙（男，30 岁）、郝 ××（男，27 岁）5 人带领 4 名大队电工负责撤除 12 号转角杆（Ⅱ-12m）导线、绝缘子及横担。王甲、熊 ××、王乙、郝 ×× 4 人登杆作业，龚 ×× 在杆下监护。16 时左右，导线和绝缘子拆除完毕，开始拆横担。当横担与抱箍联结

螺栓松脱后，4 人将横担放在北侧两根拉线上往下滑，当滑至距地面 1m 多时，横担离开外角杆拉线，全部重力压在内角杆拉线上，导致该杆两腿受力失衡，并倒在外角杆拉线上，使之也随着倒下。在落地时，熊 ×× 压在电杆上当即死亡；郝 ×× 因其所在杆被土坎支住，安全带从杆顶冒出，人被抛在杆下空档处，致尾椎压缩性骨折；王甲压在杆上，七窍出血当即死亡；王乙被压在杆下，伤势严重，在送往医院的途中死亡。

【事故原因】

（1）直接原因。

1）不安全行为。

a. 现场作业人员未检查杆根、未打临时拉线、未采取任何安全措施就登杆作业，且在杆子受力存在多种问题的情况下把拉线当作卸放横担的滑线，加剧了电杆受力的不平衡状态。

b. 监护人严重失职。

2）不安全状态。

a. 经事故后检查，因修水库取土，该杆两腿实际埋深分别仅为 0.9m 和 0.95m，且底盘也不配套，电杆的稳定性较差。

b. 横担在拉线上滑动时导致电杆受力严重失衡并倾倒。

（2）间接原因（管理缺陷）。

1）事故单位安全管理基础薄弱，领导对安全不重视，缺乏相应的安全生产知识，在整个施工过程中，甚至连《安规》也没有组织过学习，也从未开过一次会，布置讨论施工方案和安全技术措施，导致施工组织措施和安全技术措施存在严重漏洞，工程管理混乱，漏洞百出。

2）职工队伍安全意识和专业技术素质低下，缺乏相应的识别危险点的知识和能力，盲目冒险蛮干。

【事故中的"违"与"误"】

（1）"违"的主要表现。

上述不安全行为和不安全状态违反了《安规》中工作票制度、工作监护制度、撤杆及杆、塔上工作的有关规定。

（2）"误"的主要表现。

施工单位的资质条件严重不足，与其所担负的工作任务不相适应，施工组织者及现场作业人员缺乏相应的安全生产知识，组织指挥毫无章法，工作班成员盲目蛮干。

2. 湖北 870406 某 35kV 变电站龙门架组立，误撤临时拉线，随杆坠落重伤

【事故经过】

1987 年 4 月 6 日 12 时 30 分，在湖北省某 35kV 变电站改造工程施工中，由 4 根 12m 混凝土杆组成的两组 A 型龙门架主杆立起后，用 8 根临时拉绳固定。工作负责人向 ×× 在杆基还未回填土并夯实，且杆上还有人工作的情况下，就拆除龙门架内侧临时拉绳，导致倒杆，致使彭 ××（男，35 岁）随杆坠地，右腿骨折。

【事故原因】

（1）直接原因。

1）不安全行为。

a. 工作负责人在杆基还未回填土并夯实，且杆上还有人工作的情况下，就错误地拆除龙门架内侧临时拉绳。

b. 工作负责人对杆上作业人员未履行监护职责。

2）不安全状态。

龙门架内侧临时拉绳被拆除后，电杆因受力失衡而倾倒。

（2）间接原因（管理缺陷）。

1）施工单位事先未制订正确的施工方法和程序，施工组织技术措施存在漏洞和薄弱环节，现场管理混乱。

2）施工单位安全管理和安全教育培训不到位，工作负责人缺乏相应的安全意识和专业技术知识，在工作中不仅不履行监护职责，反而在杆上有人作业的情况下，提前拆除临时拉线，习惯性违章现象比较严重。

【事故中的"违"与"误"】

（1）"违"的主要表现。

上述不安全行为违反了 DL 5009·3—2013《电力建设安全工作规程　第 3 部分：变电站》中构架安装的有关规定。

（2）"误"的主要表现。

工作负责人缺乏相应的安全意识和专业技术知识，对于龙门架的受力状态心中无数，对撤除临时拉线的危害性认识不足。

3. 湖北 030702 在某 10kV 线路开断连、解搭头工作中，未采取防倒杆措施，在解除导线扎线的过程中发生倒杆，一人随杆坠落重伤

【事故经过】

2003 年 7 月 2 日，某供电分局线路站巡检一班班长刘××持线路一种工作票，带领其他 5 名成员，负责在 10kV 武丰线城 145 断路器后大洲村 5 号、9 号杆进行开断连、解搭头及组装刀闸和电缆引线的工作。

8 时 50 分，配调值班员用电话向工作负责人下达许可开工的命令。随后，工作负责人按预先安排好的施工方案进行了分工：石×× 带领龚×、吴×、余×× 在 5 号杆作业；工作负责人带领胡××、吕×× 在 9 号杆作业。

9 时 10 分左右，在落实验电接地措施后，石××安排吴×、余××负责在杆下配合，其自己与龚×负责杆上作业。

9 时 15 分左右，在未安装临时拉线的情况下，龚×在杆上解除了右边相导线与瓷瓶的扎丝，接着石××解除了左边相导线与瓷瓶的扎丝。9 时 20 时左右，当石××在解中相导线与针瓶的扎丝时，5# 杆突然从根部折断，杆上工作的石××、龚×随杆倒地。在杆下工作的余××、吴×急忙跑上前将两人的安全带从身上解下，并通知在现场的电缆班班长廖××分别向 110、120 和分局配调打电话，请求紧急救助。9 时 45 分，120 急救车将伤者送往医院进行抢救。

【事故原因】

（1）直接原因。

1）不安全行为。

a. 现场作业人员在未落实防倒杆安全措施的情况下，即上杆进行撤除导线的工作。

b. 现场工作负责人不执行工作票所列安全措施，对杆上作业人员未履行监护职责。

2）不安全状态。

a. 5# 杆工作未按工作票要求设置临时拉线等防倒杆措施。

b. 由于 7 月 1 日在 5# 至 9# 杆之间施放了 200m YJV22-3×95 铜芯交联架空电缆，因而在撤除 5 号杆导线的过程中，该电杆因承受不了架空电缆所造成的不平衡水平荷载而从根部折断。

（2）间接原因（管理缺陷）。

1）施工单位事先未制订正确、完备、明确、具体的施工方案，现场管理混乱，现场工作负责人带头不执行工作票所列安全措施，习惯性违章现象比较严重。

2）施工单位安全管理和安全教育培训不到位，工作负责人及现场作业人员缺乏相应的安全意识和专业技术知识，对工作票所列安全措施的必要性认识不足。

【事故中的"违"与"误"】

（1）"违"的主要表现。

上述不安全行为违反了《电业安全工作规程（电力线路部分）》以及工作票所列安全措施中关于设置临时拉线的相关规定。

（2）"误"的主要表现。

工作负责人缺乏相应的安全意识和力学知识，对于导线撤除后电杆的受力状况以及电杆的承受能力心中无数，以致于冒险蛮干。

4. 湖南 040914 在低压线路换杆工作中，对原拉线未作设计校验，收线时未设临时拉线，导致拉线断脱，三人随杆坠落，一死两伤

【事故经过】

2004 年 9 月 14 日，某供电所工作负责人吴××在填写"三措"表和办理工作票后，带领工作班成员周××、任甲、任乙、彭××、唐××、程×、任××等 7 人，到某台区 T# 杆处进行消缺工作（该段 400V 导线跨越水库尾端，在水涨高后对水面安全距离不够），工作任务为：将原 T# 杆由 7m 更换为 10m 杆。

9 时 20 分，在将 10m 电杆立好，并将原 7m 电杆拉线安装至新立 10m 电杆作正式拉线以后，工作负责人安排周××、任甲上杆工作。

两人在杆上将金具、横担安装完并收好两根导线后，由于T#杆是双层横担，工作负责人又安排任乙上杆帮助扎线。任乙上杆后，正准备收另一挡导线时（与先收两线垂直方向），电杆拉线断脱，电杆从离地面约30cm处断裂，在杆上工作的周××、任甲、任乙随杆倒落，其中周××、任乙被压在电杆横担下，任甲在电杆上面被抛下来。工作负责人吴××立即电话通知120，迅速将三人送往县人民医院抢救。

15时20分，周××（男，35岁）因抢救无效死亡，任乙（男，41岁）受重伤继续住院治疗，任甲经医院检查受轻伤。

【事故原因】

（1）直接原因。

1）不安全行为。

在收线前未对新立电杆的稳固措施进行检查核实，未设置临时拉线就盲目收线。

2）不安全状态。

a. 电杆由7m更换为10m后，未对拉线作相应的设计检验和调整，而是直接将原拉线安装到新电杆上。

b. 上杆作业前，未对新立电杆固定拉线作全面校核检查，并确认完好，也未根据收线需要对新立电杆设置临时拉线，就开始派人上杆进行收线工作，导致在收线时电杆拉线因存在隐患而断脱，水泥电杆因失去拉线的保护而倒断。

（2）间接原因（管理缺陷）。

1）供电所对此项工作的复杂性和重要性认识不足，违反电业局、供电局管理规定，未将更换电杆工作上报城区供电局进行审批，而作为一般消缺工作对待，导致对此工作没有制定详细的技术方案和安全措施，盲目安排工作。

2）供电所工作人员专业技能差，安全意识不强，不能胜任换杆工作。

3）供电所安全管理薄弱，教育培训还不够，安全纪律不强，工作随意性较大，基本是在凭经验工作，对上级制定的安全纪律、规章制度不很清楚，没有真正进行贯彻落实。

4）城区供电局在农电安全管理上不到位，对农电队伍的建设重视不够。对上级下发的有关安全纪律和规章制度未及时下发到供电所，更谈不上贯彻落实和监督检查，致使供电所安全管理存在较大漏洞。

5）城区供电局在农电管理上不严谨。没有将供电所作为真正生产班组进行管理，对供电所生产维护材料、经费未实施严格控制和管理，致使供电所有随意施工空间，从而导致失去对供电所施工安全的控制。

【事故中的"违"与"误"】

（1）"违"的主要表现。

1）违反电业局、供电局管理规定，未将更换电杆工作上报城区供电局进行审批。

2）现场作业违反了《电业安全工作规程（电力线路部分）》有关立、撤杆工作防止倒杆措施的相关规定。

（2）"误"的主要表现。

1）供电所对此项工作的复杂性和重要性认识不足，盲目安排工作。

2）供电所的技术素质和能力与现场工作的实际需要不相适应。

5. 江西 060807 某低压线路撤杆，无票、无措施作业，电杆埋深被开挖一半，一人随杆坠地死亡

【事故经过】

2006 年 8 月 7 日 8 时 10 分，在江西省某 0.4kV 分支线路进行撤移的工作中，工作负责人杨甲在未办理工作票的情况下，与杨乙（男，46 岁，农电工）、黄 × × 进行 2 号杆导线和横担的拆除工作。虽然该杆的埋深已被开挖了一半，但是杨甲仍在未采取防止倒杆措施的情况下就同意杨乙上杆作业。

8 时 30 分，在拆除该杆的导线后，继续拆拉线抱箍时，电杆发生倾倒，杨乙随杆坠地，经医院抢救无效死亡。

【事故原因】

（1）直接原因。

1）不安全行为。

a. 工作人员在电杆埋深已被开挖了一半的情况下，未采取任何防止倒杆措施就上杆作业。

b. 工作负责人无票工作，严重失职。

2）不安全状态。

a. 电杆埋深被开挖一半，致使其抗倾覆力大大下降。

b. 杆上导线被拆除后，拆拉线抱箍时所产生的不平衡力，最终导致电杆的综合受力超过其抗倾覆能力，而造成倒杆。

（2）间接原因（管理缺陷）。

1）事故单位领导对安全不重视，安全管理和安全教育不到位，导致职工队伍安全意识薄弱，专业技术素质与实际工作不相适应，习惯性违章严重，无票、无措施施工。

2）工作负责人和工作班成员缺乏相应的安全生产知识和自我保护能力，对于十分明显的危险点也不能识别，也就谈不上采取相应的控制措施。

【事故中的"违"与"误"】

（1）"违"的主要表现。

上述不安全行为和不安全状态均违反了《安规》中工作票制度、工作监护制度、撤杆及杆、塔上工作的有关规定。

（2）"误"的主要表现。

施工人员的资质条件与其所担负的工作任务不相适应，安全意识淡薄，盲目蛮干。

6. 四川 070627 某 220kV 线路更换拉线，现场管理混乱，拆旧拉线前未设置临时拉线，两人随杆坠落受伤

【事故经过】

2007 年 6 月 19 日至 28 日，为配合某 500kV 线路施工跨越停电，××电业局安排 220kV 沙玉南线 18 基拉猫塔更换及更换锈蚀拉线等消缺工作。该工程合同承包给××集团公司，其中，由××分公司承担 3 基拉猫塔及 6 基杆塔拉线的更换工作。

××分公司接受工作任务后，组织了现场查勘，按标准化作业要求编写了《工序工艺卡》，组织进行了安全技术交底，确定施工班组为××分公司外线工程队，项目负责人为公司副经理曾××，工作负责人为外线工程队队长朱××。6 月

19 日，由曾××签发了电力线路第一种工作票，由朱××担当工作负责人，工作任务为更换 220kV 沙玉南线 79#、80#、95# 拉猫塔，处理 56# ～ 155# 杆部分拉线锈蚀缺陷。

6 月 27 日，根据工作任务，工作负责人朱××签发了编号为"2007062701"的《工作任务单》，安排陈××为小组工作负责人，汪×、顾××为工作班成员，并指派 8 位民工，负责更换 139# 拉猫塔 4 根拉线。开工后，陈××在没有安装临时拉线的情况下，便安排工作班成员汪×上塔拆除拉线。10 时 30 分左右，因拉线杆塔端螺栓锈蚀严重，汪×向陈××汇报无法拆脱，陈××便上塔协助汪×拆除拉线。陈××、汪×在塔上作业过程中，地面协助工作的民工拆开了该杆塔右侧的两根拉线（工作班成员顾××因外出准备午饭而不在现场），139# 塔随即倾覆，塔上作业的陈××、汪×随塔坠落。经医院全面检查诊断，两名受伤人员被认定为轻伤。

【事故原因】

（1）直接原因。

1）不安全行为。

a.陈××、汪×在塔上作业时，民工在地面违章拆开该杆塔右侧的两根拉线。

b.陈××违反《民工安全管理办法》中民工"只能做辅助工作"的规定，安排民工拆除拉线并放松对其监护。

2）不安全状态。

a.更换 139# 塔拉线前未安装临时拉线。

b.现场指挥混乱，在未做好临时拉线的情况下，民工就开

50

始拆除原拉线，致使 139# 塔在失去右侧两根拉线后倾覆。

（2）间接原因（管理缺陷）。

1）××分公司日常安全管理不严、安全监督不力、对员工的要求不严，使员工的违章行为得以养成"习惯"，安全监督环节和安全控制措施流于形式。

2）××集团公司平时对××分公司的安全教育不力，安全管理不严，在施工过程中也未实施有效管理。

3）××供电局作为该线路运行维护管理单位，在施工过程中监督不力，对××分公司违章情况没能及时发现和制止。

【事故中的"违"与"误"】

（1）"违"的主要表现。

1）违反了《国家电网公司电力安全工作规程（电力线路部分）》中"检修杆塔不得随意拆除受力构件，如需拆除时，应事先作好补强措施。杆塔上有人时，不得调整或拆除拉线"的规定，以及《110（66）kV ~ 500kV 架空输电线路检修规范》中"杆塔拉线更换时必须事先打好可靠临时拉线"的规定。

2）违反了该项作业技术交底、工序工艺卡和工作任务单中"139# 塔更换拉线必须先安装临时拉线"的要求。

3）违反《民工安全管理办法》中"民工只能做辅助工作"的规定，安排民工拆除拉线并放松对其监护。

（2）"误"的主要表现。

××分公司对员工的安全思想和专业技术教育不到位，以致员工的安全意识淡薄，业务素质和工作技能与实际工作不相适应，对规程制度及现场安全措施的有关规定不理解，尤其是对装设临时拉线的重要性认识不足，以至于盲目蛮干。

二、杆塔稳固措施缺陷

7. 广西 780427 某 35kV 线路调整拉线，用人不当，盲目蛮干，临时拉线形同虚设，操作失误，4 人死亡

【事故经过】

1978 年 4 月 27 日，广西壮族自治区某供电公司安排没有施工经验的二级工带领 8 名民工组成施工队，进行某 35kV 线路施工。在降低 44 号杆（Ⅱ-18m，设计埋深 1m，实际埋深 0.65m，15°转角）拉线时，只用一条 φ19mm 的尼龙绳在地牛上绕一圈，由一人压住充当临时拉线。当杆上作业人员将拉线上端接头拆开，并降低安装到预先装好的拉线抱箍后，杆下人员将拉线下端接头拆开，准备做拉线时，电杆突然向外角方向倒下，杆上 4 名工作人员随杆坠地死亡。

【事故原因】

（1）直接原因。

1）不安全行为。

a. 施工人员在临时拉线虚设的情况下，登杆调整拉线。

b. 工作负责人因无知而严重失职。

2）不安全状态。电杆设计埋深 1m，实际埋深 0.65m，临时拉线的数量及材质均不符合要求，当正式拉线被拆除后，其受力失衡并倾倒。

（2）间接原因（管理缺陷）。

1）企业安全管理混乱，导致施工人员资质严重不足，施工队大部分由亦工亦农青年组成，没有施工经验，没有经过《安规》的学习和考试，根本不能进行工作。

2）该工程两次修改设计，没有审批程序，没有施工方案，在施工时不向施工人员作技术交底，更没有安全措施。在该工程立杆时，曾发生过一次倒杆事故，因无伤亡，公司领导没有引起重视，也未分析原因和采取措施，而是片面赶施工进度，不管施工安全。

【事故中的"违"与"误"】

（1）"违"的主要表现。

上述不安全行为、不安全状态和管理缺陷违反了《安规》中作业人员的基本条件和杆、塔上工作的有关规定。

（2）"误"的主要表现。

事故单位的领导对安全生产不重视，缺乏相应的安全生产知识；施工人员未经相应的培训与考核，其素质与工作要求严重不相适应。

8. 湖北 860815 某 35kV 线路调整杆塔拉线，人员素质差，不懂装懂，用小截面白棕绳作临时拉线，1 死 1 伤

【事故经过】

1986 年 8 月 15 日晨，湖北省某县电力局线路检修工程队技术负责人陈 ×× 在向工作负责人杨 ××（男，28 岁，计划外用工）询问工作情况时，了解到在建的某 35kV 线路 121 ～ 126 号杆没有留架空地线的安装位置，便要求于当日返工，并要求他们带钢绞线或 ϕ25.4mm 的白棕绳作临时拉绳。杨 ×× 带领施工人员到达工作现场后，安排张 ××（男，34 岁，大队电工）等 3 人负责 125 号杆，他自己和另外两人负责 124 号杆，其余人员负责 126 号杆的工作。但在调拉线时，他们没有使用已带到现场的 ϕ25.4mm 的白棕绳，而是用 ϕ16mm 的白棕

绳双起来作临时拉绳。11 时左右，当调整 125 号杆右后拉线时，刚下掉 UT 线夹，杆子便在其他拉线综合应力的作用下向线路的前方倾倒，并将右后白棕绳临时拉绳拉断，杆上作业人员张 ×× 随杆坠落。约 2min 后，124 号杆向线路右侧偏后的方向倒落，其左后临时拉绳也被拉断，杆上作业人员杨 ×× 双手把握横担随杆坠地。前者心脏和腹腔受损严重，经抢救无效于 11 时 40 分死亡。后者右手中指第一关节折断，头顶部右侧挫伤。

【事故原因】

（1）直接原因。

1）不安全行为。施工人员使用不合格绳索制作临时拉线。

2）不安全状态。新立电杆的 4 根永久性拉线收得比较紧，当其中一根被解除后，因其余拉线的综合作用力大于白棕绳临时拉线的破断拉力，造成临时拉线被拉断而倒杆。

（2）间接原因（管理缺陷）。

1）工作负责人不懂装懂，不听从技术负责人的安排，坚持用 ϕ16mm 的白棕绳作临时拉线，对拉线的受力状况心中无数，且在拆除拉线前未将其他拉线作适量放松。

2）事故单位管理水平低，工程组织指挥比较混乱，主要表现在工作负责人是临时指定的；小组分工没有指定负责人；安全责任不明确；在人员配备上，除两名计划外用工和一名长期临时工以外，都是雇用的农村电工，未经过技术培训和《安规》考试就顶岗工作，人员资质与实际工作不相适应。

3）整个工程施工没有制订"三措"计划，施工安全措施不明确、不具体、不得力。

【事故中的"违"与"误"】

（1）"违"的主要表现。

上述不安全行为、不安全状态和管理缺陷违反了《安规》中作业人员的基本条件和杆、塔上工作的有关规定。

（2）"误"的主要表现。

施工人员技术素质差，工作负责人不懂装懂，不听从技术负责人的安排，坚持用小截面白棕绳作临时拉线，对拉线的受力状况心中无数。

9. 湖北 010622 在某低压线路整改过程中，由于杆基填充物松软，基础不牢，杆上作业人员后仰时导致倒杆，人随杆落地受伤

【事故经过】

2001 年 6 月 22 日，湖北某市供电公司工作负责人熊 × 带领施工班在陈埠九组放 380/220V 低压导线（该线路为高低压共杆），施工段共有三基电杆，其中挂线端电杆（低压终端杆）即事故杆，杆高 10m，埋深 1.8m，上部泥砂层为 0.7m，下部砂层为 1.1m，电杆埋设在宽度约 1.2m 的埂子上，埂高 1.2m，电杆中心距南侧沟边约 50cm。

在收完两边相导线后，工作负责人熊 × 发现挂线端杆低压线对上层 10kV 线路的安全距离预留不够（上层线未架），

便安排收线端村电工蔡某某将已收好的导线松开，待两相导线安全放在地上后，安排夏××（伤者，43岁）到挂线端杆上降低横担及调整拉线。

夏××带了两根川钉上杆后，将拉线抱箍下降到离杆顶约1.5m处并固定好，由于估计横担下降后川钉长度不够，所以夏××一方面叫人去拿长一点的川钉，一方面在杆上靠着保险带等候，此时地面上的人已将固定拉线撤除，由于该杆没有加装临时拉线，加之基础不牢，当夏××向后靠时，在其重力和四根导线坠力的作用下，电杆因受力失去平衡而开始倾倒。撤拉线的两人发现后赶紧去拉拉线而未能抓住，夏××急忙通过杆身西侧向北（上）翻转，以免被倒落的电杆压在下面。然而，电杆倾倒速度逐渐加快，并在砸断了线路西侧的旧低压线后，倒落在路边的埂子上，在离杆梢约4.5m处被折断。夏××随折断的电杆上部落地。经市第一人民医院全面检查，确认其左小腿受轻伤。

【事故原因】

（1）直接原因。

1）不安全行为。在杆上有人工作、电杆基础不牢且未加装临时拉线的情况下，将电杆的固定拉线拆除。

2）不安全状态。由于杆基填充物松软，基础不牢，电杆的抗倾覆能力极差，以致电杆的固定拉线被拆除后，电杆无法承受杆上作业人员向后靠，以及四根落地导线重力所产生的水平荷载，并发生倾倒。

（2）间接原因（管理缺陷）。

1）未结合实际制定正确完备的施工方案，工作准备不充分，以致导线收起后又返工进行缺陷处理。

2）现场组织指挥比较混乱，施工质量无人把关，尤其是电杆基础的回填土及夯实措施不符合要求，造成电杆的抗倾覆力极差。

3）施工单位对员工的专业技术培训不够，现场作业人员缺乏相应的力学知识，对基础的抗倾覆能力心中无数，盲目解除电杆的固定拉线。

【事故中的"违"与"误"】

（1）"违"的主要表现。

违反了《电业安全工作规程（电力线路部分）》中"杆塔上有人时，不得调整或拆除拉线"的规定。

（2）"误"的主要表现。

施工人员技术素质差，未掌握相关施工工艺质量标准，尤其是对于电杆基础存在的问题以及电杆的抗倾覆力心中无数，盲目撤除电杆的固定拉线。

10. 河南 011125 在某 110kV 线路施工中，由于一根临时拉线固定措施不正确，导致该拉线在施工过程中脱落，四人随杆坠落，二死二伤

【事故经过】

2001 年 11 月 25 日，在某 110kV 城网改造新建线路的施工中，工作负责人翟 ×× 带领工作班成员共 30 人负责组立该线路 8# 杆（21m ∏型杆）。

当用吊车将 8# 电杆起立就位，进行拉线安装时，由于吊车停放在 8# 杆东南方向地锚固定处，故只安装了其他方向的 3 根拉线，而东南方向的拉线却暂时用一根 $\varnothing$24mm 的尼龙绳替代，只在一棵小树上缠绕了 2 圈半，便交由工作班成员侯 ×× 等 6 人负责拉紧，以防止电杆倾斜。

12时许，拆除吊车起吊用钢索和起吊架的工作由民工王××（男，1965年3月出生，初中毕业，本工种工龄1年）、郑××（男，1966年11月出生，初中毕业，本工种工龄2年）、原××（男，1965年5月出生，高中毕业，本工种工龄2年）、卢××（男，1962年出生，初中毕业，本工种工龄2年）4人登杆完成。大约在12时15分，东南方向的临时拉线脱落（固定措施不力，人员拉不住）并引起倒杆，杆上4人随杆倒落地面。王××、郑××经抢救无效死亡，另2人正在抢救中。

【事故原因】

（1）直接原因。

1）不安全行为。

a. 在未检查确认电杆稳固措施安全可靠的情况下（实际存在重大隐患），便安排4人上杆拆除吊车起吊用钢索和起吊架。

b. 将东南方向的临时拉线固定在不可靠的小树上，并且只绕了两圈半，以致出问题时人员拉不住。

2）不安全状态。由于在拆除吊车起吊用钢索和起吊架的过程中，电杆的受力情况发生较大变化，导致固定措施不力（仅在小树上绕了两圈半）的东南方向的拉线因人员拉不住而脱落，电杆因受力平衡被打破而发生倾倒。

（2）间接原因（管理缺陷）。

1）未按照安规要求制订整体组立杆塔的施工安全措施，现场作业处于一种无序状态。

2）现场组织指挥比较混乱，吊车设立的位置不合理，导致该方向的拉线无法设置，并采取错误的处理方法，为事故的发生埋下重大隐患。

3）施工单位对员工的专业技术培训不够，现场作业人员缺乏相应的安全意识和专业技术知识，尤其是对在拆除吊车起吊用钢索和起吊架的过程中，电杆及各侧拉线受力情况的变化心中无数，对东南方向临时拉线存在的问题认识不足，以致盲目违章作业。

【事故中的"违"与"误"】

（1）"违"的主要表现。

1）违反了《电业安全工作规程（电力线路部分）》中"整体组立杆塔，还应制定具体施工安全措施"的规定。

2）违反了《电业安全工作规程（电力线路部分）》中"固定临时拉线时，不得固定在有可能移动的物体上，或其他不可靠的物体上"的规定。

（2）"误"的主要表现。

现场作业人员缺乏相应的安全意识和专业技术知识，尤其是对拆除吊车起吊用钢索和起吊架后，电杆及各侧拉线的受力情况心中无数，对东南方向临时拉线存在的问题及其危害性认识不足，以致在拆除吊车起吊用钢索和起吊架前，未检查确认杆塔的稳固措施是否安全可靠，而是盲目违章作业。

三、组织指挥失误

11. 四川 810113 某 10kV 线路撤杆，违章指挥，盲目蛮干，杆上有人解导线，杆下同时开马槽，一人随杆坠地死亡

【事故经过】

1981 年 1 月 13 日，在四川某 10kV 线路改道工程中，供电所外线班长袁 ×× （工作负责人）带领一个小组，负责拔除一基 15m 电杆。在电杆既无固定拉线，也没有临时拉线，抱杆还未安放好的情况下，即安排龚 ×× 登杆解导线。与此同时，袁 ×× 还安排两个民工在该电杆的根部开挖马槽。当马槽挖至 1m 多深，民工问是否还要挖时，袁 ×× 看了一下说："再挖一点，把几块石头撬掉。"于是民工继续挖，导致该

杆在龚××将边相导线的扎线解除后倒下，龚××随杆坠地死亡。

【事故原因】

（1）直接原因。

1）不安全行为。

工作负责人在没有采取任何防止倒杆措施的情况下，安排人员上杆解除导线，并在杆上有人解除导线的同时，安排民工在杆下开挖马槽。

2）不安全状态。

在作撤杆准备时，不仅未采取防止倒杆措施，反而无节制地在杆基开挖马槽，在边相导线被拆除后，电杆因受力严重失衡而倾倒。

（2）间接原因（管理缺陷）。

1）供电所领导放松了对职工的安全思想教育，外线班管理混乱，作风不正，问题很多，所领导早有发现，但没有采取措施加以扭转。

2）工作票制度流于形式。工作当天，袁××只把开好的工作票一张交技术员汪××签发，签发后装在口袋里，工作前也不向工作班成员宣读，也未履行工作许可手续，只是将工作任务分配完事。

3）现场4名外线工对袁××的严重违章行为，竟无一人提出异议，安全意识普遍淡薄。

4）班长袁××长期以来忽视安全，违反规程，自作主张，冒险作业，虽多次发生事故和不安全现象，但仍不认真吸取教训。在班组管理中，家长作风严重，骄傲自大，在包工作业中为了多赚钱，不听别人的建议和劝阻，严重违章。

【事故中的"违"与"误"】

（1）"违"的主要表现。

上述不安全行为和不安全状态违反了《安规》中杆、塔上工作及撤线工作的有关规定。

（2）"误"的主要表现。

班长袁××缺乏安全生产知识和专业技术知识，水平不高却盲目骄傲自大，存在比较严重的投机取巧心理。

12. 湖北 931124 某 110kV 线路事故检修，安全措施不完善，现场管理混乱，使用不合格构件，二人随杆坠落 1 死 1 伤

【事故经过】

1993 年 11 月 23 日 11 时 23 分，湖北省某 110kV 线路因拉线 UT 线夹被盗而造成 11、12 号杆倒落。11 月 24 日，设备管理单位进入现场进行事故检修。

该线路 11 号和 12 号杆位于同一山头，相距 96m，10 号耐张杆距山下的 13 号杆水平距离为 1022m，高差 93.23m，且 12 号杆架空地线由单转双，加之相邻两基杆塔同时抢修，工作场面大，施工条件复杂，存在的不安全因素比较多。面对比较复杂的施工条件，设备管理单位没有制定出完善的有针对性的安全措施，因而施工方法和程序存在一些不当之处，例如起

吊导线的牵引绳未在横担根部设置转向滑车，而是直接由横担端部的滑车引下等，导致杆塔荷载及其不均衡度增大，加之对12号铁杆变形严重的中部 3m 段没有按规定进行更换，而是校正后继续使用，以致在 14 时 10 分左右，当该杆最后一根导线提升到位，工人丁××（男，36 岁）和朱××（男，43 岁）上横担工作时，该杆因 3m 段受伤处突然折弯倾倒，丁××与朱××二人随杆坠地。丁××因伤势过重当场死亡（安全帽脱落，头部受重创）；朱××的左小臂和左胸第三、五根肋骨骨折，经抢救脱险。

【事故原因】

（1）直接原因。

1）不安全行为。

a. 在 12 号铁杆组立的过程中，使用不合格 3m 段塔材。

b. 安全帽的下颏带没有系牢，导致坠落时安全帽脱落。

2）不安全状态。

a. 12 号杆位于大背档地形，且该杆架空地线由单转双，因此垂直荷载偏大，加之施工方法和程序存在一定的问题，导致杆塔的安装荷载超过了允许荷载。

b. 3m 段主材变形超过 GB 50233—2005《110～500kV 架空送电线路施工及验收规范》采用冷校正法的角钢变形限度，导致杆塔强度降低。

（2）间接原因（管理缺陷）。

1）事故检修单位在比较特殊、复杂的施工引条件下进行事故检修，没有结合实际制订出比较完善的安全技术措施，导致现场管理比较混乱，没有及时纠正一些不安全的苗头。

2）施工人员执行规程制度不严，存在习惯性违章现象，在塔材变形量已超过允许较正使用标准的情况下，未按要求进行更换，也未考虑当时杆塔的实际受力状况，而是沿袭平时不良习惯，在现场锤直后使用。

【事故中的"违"与"误"】

（1）"违"的主要表现。

上述不安全行为、不安全状态及管理缺陷违反了《安规》中杆、塔上工作，以及 GB 50233—2005 的有关规定。

（2）"误"的主要表现。

施工人员缺乏严细实的工作作风和科学态度，盲目凭经验办事，不讲安全系数和适用条件，对规程学习及执行不到位。

13. 四川 9704011 在某 10kV 线路拆杆工作中，现场管理混乱，错误安排人员攀登发生倾斜的杆塔，一人随杆坠落受伤，并砸伤行人致其第六颈椎骨折

【事故经过】

1997 年 4 月 11 日，某公司配电四班在绵阳市区绵兴东路进行市肉联厂 10kV 专线（绵冷线）的部分拆迁和其配变移位更新（由 80kVA 更换为 100kVA），以及拆除处于机动车道上的原绵城线 #9 杆、高低压同杆的 10kV 涪华路支线 #1 杆的工作。

8 时 30 分，在得到可以工作的许可命令后，班组人员进入施工现场。施工负责人周 ×× 对施工任务进行了安排和分工，宣读工作票，布置现场安全措施（即在工作地段验电、挂接地线，在工作地点电杆周围和在需拆除的导线下方周围设围

栏），随后班组人员开始工作。当日上午，已拆除了肉联厂抽水专用配变和处于机动车道上的配变付杆，组方杆一基、安装用户所配变一台、拆除涪华路支线 #1 杆高压导线。

下午，在拆除原绵城线 #9 杆低压线时，因涪华路 #1 支路杆低压扎线未解开，使该杆（12 米砼杆）承受导线不平衡的张力，发生倾斜。为防止倒杆，小组施工负责人段 ×× 请示工作负责人周 ×× 同意后，安排施工班成员吴 ×× 上杆打临时拉线。15 时 10 分，当吴登至离地 6m 时，电杆发生倾倒。此刻，段 ×× 立即大声呼喊，并阻拦行人。杆上吴 ××（男，23 岁）骑杆倒下，左脚无名趾骨折（轻伤），骑自行车人黄 ×× 快速绕行，经阻拦无效，被电杆铁横担砸伤，造成颈椎第六椎骨折，当即将二人送往医院救治。事后，经检查 1 号支路杆斜杆原因为该杆基础因扩街降低埋入深度（仅 0.9m）所引起。

【事故原因】

（1）直接原因。

1）不安全行为。

a. 在电杆已发生倾斜的情况下，既未查明电杆发生倾斜的真实原因，也未采取任何措施，便错误地安排作业人员冒险攀登危杆。

b. 在拆除位于机动车道上原绵城线 #9 杆低压线及处理该杆发生倾斜的故障时，未设专人看守，以致在危险区域内有行人通过。

2）不安全状态。

a. 事后才查明电杆倾斜的主要原因系扩街降低了电杆埋入的深度（电杆的实际埋深仅 0.9m，比设计规程规定的数据降低了 1m）所引起，而在电杆倾斜的情况下安排人员进行攀登，其结果只能是进一步加剧电杆所承受的不平衡张力（倾覆力），并导致电杆倾倒。

b. 在交通道路上进行撤杆和撤线工作时，既未设专人看守，更未在路口设专人持信号旗看守，也未制定相应的组织技术措施，以致在出现紧急情况时猝不及防，并将行人砸伤。

（2）间接原因（管理缺陷）。

1）供用电分公司安全生产管理不严，工作人员责任心不强，现场踏勘不认真，没有及时发现工作电杆埋深不够的问题。

2）现场施工方案及安全措施不完善，组织指挥混乱，管控不力，致使工作现场违章作业的现象严重，存在多方面的缺陷和漏洞。

3）公司对职工的安全教育和技术培训不到位，职工队伍素质与实际工作需要不相适应，导致在作业现场不能正确处理发现的问题，甚至采取极其错误的做法，例如：在未采取任何措施的情况下安排工作人员攀登危杆等。

【事故中的"违"与"误"】

（1）"违"的主要表现。

上述不安全行为和不安全状态明显违背了《电业安全工作规程（电力线路部分）》有关撤杆、撤线工作应采取措施的相关规定。

（2）"误"的主要表现。

施工人员缺乏严细实的工作作风和相应的专业技术知识，不仅不能正确判断和查明电杆发生倾斜的原因，反而盲目采取违背技术原理的错误做法。

14. 浙江 0703090 某 35 kV 线路撤除旧线，施工单位不具备资质，现场管理混乱，无防倒杆措施，违章拆除拉线造成倒杆，四人随杆堕落受伤

【事故经过】

某 35kV 线路 5# ～ 7# 杆线路于 2002 年 6 月退出运行并报废。其中，5# 杆为等径双杆，杆型为 JD 2-18，位于环城北路边上，小号侧导线原已拆除，大号侧仍有 LGJ-70 导线。原计划在 2007 年 4 ～ 5 月，由 × × 电力建设有限公司 × × 分公司负责拆除该段线路。

由于该线路通道下面的环城北路至西灿村之间需要修路，而该线 5# 杆正好在路的中央，影响道路的修建。2007 年 1 月，根据西灿村的多次要求，考虑到政策处理，× × 局生技科同

意由城郊供电营业所（工作职责是负责配变高压熔丝具以下设备的运行维护和抄表收费工作）承担该项拆旧工作，并安排在春节后进行。

由于 35kV 线路下有一条运行的 10kV 线路，3 月 2 日城郊供电营业所向城关供电所提出了配合停电申请，城关供电所批复同意 3 月 9 日将该 10kV 线路停电。3 月 7 日，城郊供电营业所所长李×× 和赵× 两人对工作现场进行了现场勘查，并填写了《现场勘查记录单》，同时指派李丫丫（城郊供电营业所农电工）为该项工作的工作负责人。工作班成员技工 10 人（其中代理制农电工 7 人，临时聘用工 3 人），民工 6 人。工作地点为某 10kV 线路 27-2# 至 38# 杆，工作内容为原 35kV 线路拆除。

2007 年 3 月 9 日 8 时 15 分，在履行完工作许可手续并做好工作票所列安全措施（其中没有任何防倒杆的安全措施）后，工作负责人李丫丫宣布开始上杆拆除 35kV 线路的废旧导线，所长李×× 也在现场参与指挥工作。11 时 20 分左右，35kV 线路三相导线拆除完毕。11 时 40 分在李×× 监护下，由胡×× 按工作票的内容拆除所有临时接地线，然后向城关供电所朱×× 报完工，工作终结。

下午 13 时 30 分左右，在清理现场的工作中，工作负责人李丫丫怕装在工具车上的旧导线被盗，口头委托所长李××（该项工作的工作票签发人）临时担任现场工作负责人，然后就驾驶工具车（有驾驶证，无省公司的准驾证）运送拆下的旧导线而离开工作现场。

所长李×× 随后安排工作人员在原 35kV 线路 5# 杆拆除

横担（此项任务在工作票中未明确）。戴××（伤者，临时聘用工）上杆准备拆除横担时，工作班成员赵×和工作班成员王××已开始拆除该杆的导3#拉线，接着王××（伤者，农电工，工作班成员）和沈××（伤者，农电工，工作班成员）也开始登杆作业。此后，赵×和陈××（农电工，工作班成员）开始拆第二根拉线（东面外角拉线方向，地5#拉线），与此同时，王××（伤者，临时聘用工，工作班成员）也登杆至横担部位。

13时50分左右，当临时工作负责人李××离开工作现场到约30m远的公路边换鞋时，5#杆的两根电杆开始向线路外角侧倾斜，随即倒向第二根拆除拉线的方向，系有安全带的四名杆上作业人员因无法及时脱离电杆，全部随杆倒地受伤。

【事故原因】

（1）直接原因。

1）不安全行为。

a. 在撤除35kV线路导线时，未按规定设置临时拉线。

b. 杆上有人作业时，地面人员违章进行拆除拉线的工作。

c. 下午作业时，由于原工作票已终结，因而实际上是无票作业，而拆除横担既未列入工作票的工作内容，也未有其他书面依据，属于擅自扩大工作范围。

d. 临时工作负责人擅自离开工作现场，使现场作业人员失去安全监护。

2）不安全状态。

a. 在撤除35kV线路导线时，未按规定设置临时拉线，导致电杆受力不平衡。

b. 杆上有多人进行作业的情况下，地面人员违章进行拉线拆除工作，导致电杆受力不平衡，并造成倒杆事故。

（2）间接原因（管理缺陷）。

1）各级、各岗位安全责任制未落实，管理职能部门违章指挥。职能科室在安排生产计划时，将本应由××电力建设有限公司××分公司承接的工作任务下达给无承担此项工作资质的城郊供电营业所。

2）工程管理粗放，前期准备工作不到位。虽然进行了现场勘察，但未按要求编制现场施工作业方案和三措计划，未针对实际工作内容开展危险点的识别、分析与预控，未提前组织全体施工人员进行安全、技术交底。

3）由于施工人员不具备施工的资质条件，并缺乏施工经验，有关技术职能部门又未进行相应的督导，因而导致施工作业现场安全管理混乱，组织、技术措施不完善，执行不到位，违章作业现象严重。

【事故中的"违"与"误"】

（1）"违"的主要表现。

1）杆上有人作业时，地面人员违章进行拉线拆除工作，违反《安规》"…杆塔上有人时，不得调整或拆除拉线。"的规定。

2）在撤除35kV线路导线时，未按规定设置临时拉线，违反了安规对于进行撤线工作的有关规定。

3）工作负责人擅自离开工作现场，违反了安规对于工作监护制度的有关规定。

4）原工作负责人李ΥΥ违反公司准驾证制度，无准驾证擅自驾驶单位车辆。

（2）"误"的主要表现。

由于施工人员不具备施工的资质条件，并缺乏相应的施工经验，加之有关技术职能部门又未进行相应的督导，以致施工作业现场安全管理混乱，施工作业方案和三措施计划不完善，盲目冒险作业，存在诸多的薄弱环节和安全隐患。

15. 湖北 040513 某 10kV 线路事故抢修，临时拉线设置错误，未检查杆根受损情况，随杆坠地死亡

【事故经过】

2004 年 5 月 12 日晚 8 时 2 分，湖北省某 10kV 双回共杆线路 41 号杆（15m 混凝土转角杆）被一辆大卡车挂住外分角拉线，导致该杆距顶部 2.5m 处折断。

5 月 13 日 8 时 25 分，供电营业所工作负责人胡××带领工作班成员进入施工现场，在工作地段两端验电挂接地线，并在 41 号杆被挂拉线侧，以及 39、40、42、43 号杆打好临时拉线，经外观检查未发现其他损伤痕迹后，用吊车将杆梢部分吊住，安排王××（男，40 岁，临时工）上杆剪断水泥杆折断处的钢筋。约 9 时 35 分，在剪断最后一根钢筋后，该杆

突然在地面以下约 15cm 处折断，向外分角方向倒下，王××随杆以头坠地，安全帽前沿碰坏，下颏带被扯断，经医院抢救无效死亡。

【事故原因】

（1）直接原因。

1）不安全行为。

a. 登杆前未按《安规》要求检查被撞电杆根部的受损情况。

b. 杆上人员在剪断钢筋时，站位不安全，安全带系在严重受伤且不牢靠的电杆上。

c. 工作负责人安全监护不到位。

2）不安全状态。

a. 被撞电杆根部受损严重，随时有倒伏的可能性。

b. 由于杆根断裂处距地面只有十几厘头，电杆的抗倾覆力极低，因而在钢筋剪断后至少应设有 3 根拉线进行控制方能保持平衡，但现场只设置了 1 根拉线，且方向错误，不仅未起到保护作用，反而成为将电杆拉倒的主要动力。

（2）间接原因（管理缺陷）。

1）供电所在发生 41 号杆被汽车撞断事故后没有及时向公司有关部门汇报，而是冒险蛮干，以至公司不能对事故的抢修方案进行审查和派人到现场进行具体指导。

2）供电所在知道该线路附近有道路施工时，没有及时对道路施工单位提出防止车辆碰撞电杆的安全注意事项。

3）现场工作人员技能素质低，安全意识不牢，缺乏自我防范意识，业务能力与事故抢修工作不相适应，在临时拉线的设置上带有较大的盲目性，虽然设置了多根临时拉线，但起关键作用的拉线却未设置，尤其是被撞电杆临时拉线的设置更是问题重重，反映出当事人缺乏相关的专业技术知识。

【事故中的"违"与"误"】

（1）"违"的主要表现。

上述不安全行为和不安全状态违反了《安规》中撤线工作和杆、塔上工作的有关规定。

（2）"误"的主要表现。

现场工作人员的业务技能素质与事故抢修工作不相适应，在临时拉线的设置上带有较大的盲目性，现场勘察不认真、不仔细，导致出现漏查杆根受损情况这一关键性的错误。

16. 河北 111015 在某 10kV 线路更换耐张杆的工作中，由于工作负责人临时改变作业程序，人员选派不合理，工作任务和措施交代不清，临时负责人违章作业，随杆坠落死亡

【事故经过】

2011 年 10 月 15 日，某供电公司 ×× 供电所进行某 10kV 线路检修工作，工作内容为更换耐张杆 4 基（白支 9 号、17 号，老偏支 1 号、4 号）、直线杆 2 基（白支 10 号、16 号）。工作负责人刘 ×× 提前编写了《撤立电杆标准化作业指导卡》，并由工作票签发人茹 ×× 审核确认。

当天的工作分两组进行，第一组由所长马 ×× 带队（共 14 人），负责更换白支 9、10、16 和 17 号电杆；第二组由运行班长茹 ×× 带队（共 10 人），负责更换老偏支 1 号和 4 号电杆。

在履行了工作许可和三交三查手续后，两小组分别进入各自的工作现场。

7 时 20 分，马 ×× 带领第一组工作人员到达白支 9 号杆，计划更换此杆和三条拉线（9 号杆原为 10m 杆，更换为 12m 杆），因 9 号杆周边农家菜地雨后土质松软，吊车在向工作地点行进时陷进地里。

8 时 40 分，吊车脱离陷坑，因 9 号杆周边不具备施工条件，马 ×× 决定大部分工作人员和吊车转移到 17 号杆工作，待地面稍干后再更换 9 号杆。同时，指定赵 ×× 担任 9 号杆工作的临时负责人，安排其与马 丫丫（农电工）一起负责完成 3 条新拉线（含拉盘、拉棒）的安装，并在安装好临时拉线后再放下导线，然后等待其他人员和吊车回来后进行换杆工作。在离开现场前，马 ×× 又再次交代了工作内容、危险点分析和针对性措施。

赵 ×× 和马 丫丫 将 3 条新拉线的拉盘放入拉线坑并调整好位置后，赵 ×× 安排马 丫丫 到白菜地边上的空地上（位于 9 号杆东北方向 15 ～ 20m）制作新拉线，自己进行新拉棒的安装（与拉盘连接）工作。

11 时 20 分，赵 ×× 在完成新拉棒的安装后，在电杆根部已提前开有马道的情况下，既没有监护，也没有安装临时拉线，就擅自登杆作业。上杆后，赵 ×× 首先解开了电杆南侧拉线的上把，随后又放下电杆北侧的三相导线。11 时 48 分，当赵 ×× 将电杆西南侧的三相导线松开后，电杆突然向东北侧方向倾倒，将赵 ×× 压在下方。

此时，正在菜地边上制作拉线的农电工马 丫丫 和工作负责人刘××（事故发生前 2 ~ 3min，工作负责人刘××巡视检查至9号杆现场停留）立即喊人帮忙，将赵××从电杆下抬出，并拨打 120 急救电话。12 时 50 分，伤者被送达医院 ICU 病房抢救，14 时 25 分经医院抢救无效后死亡。

【事故原因】

（1）直接原因。

1）不安全行为。

a. 9 号杆现场临时工作负责人赵××在电杆根部已提前开有马道的情况下，既没有监护，也没有安装临时拉线，就擅自登杆作业。

b. 工作负责人刘××在事故前已经巡视到 9 号杆，工作组成员马丫丫（农电工）在距离 9 号杆 15m 远的空地制作新拉线，均未制止赵××的违章行为。

2）不安全状态。

a. 为了防止施工受阻，所长马××在工作前一天安排人员在电杆根部开挖"马道"，影响了电杆的稳定性，为事故埋下严重隐患。

b. 在电杆根部已开挖马道的情况下，现场临时工作负责人赵××不仅不设临时拉线，反而上杆解除了电杆原有的一根拉线和部分导线，导致电杆受力严重失衡，并造成倒杆事故。

（2）间接原因（管理缺陷）。

1）××供电所所长、现场第一组工作负责人马××未能认真履行职责，临时改变作业程序，人员选派不合理，工作任务、危险点分析和控制措施交代不清，违反《国家电网公司电力安全工作规程（线路部分）》第 2.3.11.2 条工作负责人的职责要求"正确安全地组织工作"等的规定，违反《华北电网有限公司线路作业现场人员行为规范》第 4.5.6 条"作业人员不得擅自更改作业方案"的规定。

2）标准化作业流于形式，现场指导作用不强。一是现场使用的标准化作业指导卡套用范本，没有针对需更换的 6 基杆实际情况，没有明确规定需加装临时拉线的规格、型式、方位和施工方法。二是没有对于马道的开挖提出要求并进行风险辨识。

3）责任单位各级领导和管理人员安全履责不到位，执行力欠缺，反违章工作不力，没有将"安全第一、预防为主"的方针贯穿到企业各项工作的始终。领导层只注重工作总体安排，不注重具体组织以及过程监控和考核。管理层忙于事务性工作，对过程的指导检查和细化布置欠缺，重点工作安排不突出，对现场和班组管理流于形式。执行层工作态度不认真，对最基本的"两票三制"、危险点分析等措施执行不到位，存在习惯性违章。

4）安全生产教育培训不到位，培训的针对性不强，以致现场工作人员安全意识和专业技术能力与安全工作的实际需要不相适应，风险辨识能力不强，不能结合工作实际及时识别潜在的风险并采取针对性措施，甚至于冒险蛮干，麻木不仁。

【事故中的"违"与"误"】

（1）"违"的主要表现。

1）供电所所长马 ×× 安排在运行线路电杆杆根开挖马道，违反了行业标准 SD 292—1988《架空配电线路及设备运行规程》对于运行杆塔基础的要求。

2）9#杆临时工作负责人违反了《国家电网公司电力安全工作规程（线路部分）》中"攀登杆塔作业前，应先检查根部、基础和拉线是否牢固"、"杆塔上有人时，不准调整或拆除拉线"、"拆除杆上导线前应先检查根部，做好防止倒杆措施"等规定。

3）工作负责人、小组负责人和现场临时工作负责人均违反了《安规》中关于工作监护制度的相关规定。

4）现场第一组工作负责人马××临时改变作业程序，人员选派不合理，违反了《华北电网有限公司线路作业现场人员行为规范》"作业人员不得擅自更改作业方案"的规定。

（2）"误"的主要表现。

1）现场第一组工作负责人马××对9#杆的工作组织安排不正确、不合理，选派人员的素质和数量均不能满足现场工作的实际需要。

2）工作人员的业务技能和安全素质与实际工作需要存在较大的差距，主要表现在不能结合工作实际正确判断危险点并采取有针对性的控制措施，而是采取麻木不仁的态度，尤其是在电杆根部已开挖马道的情况下，对于电杆应采取的稳固措施不仅毫无认识，反而以自己的错误行为加剧了电杆的不平衡受力，并最终导致倒杆事故的发生。而现场的其他人员，包括工作负责人在内，竟然无人出面阻止或提出异议。

17. 四川 111213 在某 500kV 线路架线工作中，施工负责人为抢进度擅自组织人员开工，现场无技术人员和监理人员指导，未按《特殊施工方案》要求执行，违规操作，导致 11 人随杆坠落，8 死 3 伤

【事故经过】

某 500kV 输电线路新建工程全长 30.77km，采用同塔双回路架设，共设置了 4 个放线区段，2011 年 9 月 25 日开始进行导地线展放，事故前已完成 3 个放线区段。12 月 13 日正在进行第 4 个区段（N1 ～ N24 塔）中 N3 ～ N4 塔位的平移导线施工作业。N1 ～ N4 段四基铁塔均为耐张塔，N3 塔处于官地水电站升压站出线侧山脊上，其小号侧为 35 度左右斜坡，大号侧为深沟，N2 ～ N3 塔档距 176m，N3 ～ N4 塔档距

1010m。

鉴于 N3 ～ N4 档内要跨越官地水电站两条 35kV 施工电源线路，且该两条线路不能同时停电，为保证施工安全决定采用在 N3 ～ N4 段右侧展放左侧导线的施工方法，即 N3、N4 塔必须通过在右侧展放完导线并在右侧横担上锚线、开断后，再平移到左侧横担锚固、挂线并紧线。为此，施工单位按照行业标准《超高压架空输电线路张力架线施工工艺》，编制了《官地水电站～西昌变 500kV 输电线路工程—N3-N4 档内跨越 35kV 电力线特殊施工方案》（以下简称《特殊施工方案》），制定了"四分之三"平衡移线、锚线施工工艺。该方案明确规定：紧线、挂线应采用先小号侧平移一根子导线后，必须重新布置牵引系统，将小号侧牵引系统移至大号侧，然后移动大号侧相对应的一根子导线，再布置牵引系统，完成小号侧第二根子导线的移线工作，以此类推完，成整相导线的平移工作。

12 月 13 日早上 8 时左右，施工人员在班组长涂××的带领下，到 N3 铁塔进行施工作业。当时，该塔的中、下相导线已完成从右到左的移线和紧线工作，需要进行的是将上相导线由右横担平移到左横担。塔上作业人员共有 11 名，其中上横担 6 人，负责将导线从右至左平移；左下横担 2 人，负责调整左下相大号侧导线弧度；塔身 3 人，负责配合作业。

上午 10 时 50 分许，右上横担大号侧已移动 3 根子导线到左上横担大号侧处锚线，正将第四根子导线从右侧移到左侧时，铁塔失稳倒塌，塔上 11 人中 5 人当场死亡，6 人重伤，3 人在送往医院途中死亡，共计 8 人死亡，3 人受伤。

【事故原因】

（1）直接原因。

1）不安全行为。

a. 不执行劳动纪律，擅自违章开工。

事发当天由于施工承包单位现场技术人员刘××生病请假，责令官西线 N3 铁塔施工班组休工。但是，劳务分包单位施工班组班组长涂××为赶工程进度，不服从管理，擅自组织人员开工，以致作业现场无懂技术的人员进行指导和把关。

b. 不执行《特殊施工方案》规定的施工工艺，擅自违规操作。

《特殊施工方案》规定的施工工艺是"四分之三"平衡原则，即对于每相导线的四根子导线，只能依其对应排列的顺序，在铁塔大号及小号两侧逐根依次平移，以达到在四根子导线中至少有三根子导线对铁塔的作用力是相互平衡的要求。而现场作业的实际作法却是只平移铁塔大号侧的四根子导线，而小号侧的四根子导线却保持不动，以致最终将"四分之三平衡"变成了"0 平衡"。

2）不安全状态。

由于现场劳务分包单位施工作业人员未按《特殊施工方案》中规定的工艺要求执行，违规连续将大号侧的三根子导线由右横担移至左横担，并在转移最后一根子导线时，右横担上仍锚有小号侧的四根子导线，致使该横担左、右两侧形成较大的附加力偶矩，并在该力偶矩的作用下，使 N3 铁塔发生顺时针约 180° 的扭转和倒塌。

（2）间接原因（管理缺陷）。

1）劳务分包单位安全基础薄弱，安全规章制度不健全，安全责任制不落实，对职工的安全教育和现场管理不到位，员工安全意识淡薄，内部管理混乱，现场不服从施工单位管理，致使技术管理人员安排布置停工后，分包单位现场人员没能做到"令行禁止"。其员工主要为临时用工，文化水平低、安全意识差、对风险辨识能力不高，对《特殊施工方案》中的安全措施认识不到位，操作技能低。导致在官西线 N3 塔放线施工过程中，凭经验违反《特殊施工方案》，冒险违规作业，导致事故发生。

2）施工承包单位对分包安全管理不到位，对特殊专项施工重视不够，现场管理不到位。年度审核把关不严，对存在安全规章制度不健全，职工的安全教育和施工现场的管理不到位等问题的分包单位，仍作为合格分包商参与工程建设，没有及时督促整改。对专项施工方案实施重视不够，在官西线 N3 号塔两侧大小档距、高低悬殊、且现场无法打拉线的情况下，没有要求设计单位提出具体的安全措施要求，也没有要求设计单位对施工方案的受力分析进行详细的校核。虽然针对该工程特点制定了《特殊施工方案》，但在安全技术交底时，没有使相关人员充分认识该项工作的风险和方案的重要性。对高风险的施工现场没有增派现场组织管理人员加强现场的管控，致使在现场技术管理员因病请假安排休工后，分包人员的管理没有处于可控状态。

3）监理单位对现场的安全监管不到位。现场监理人员责任意识不强，对特殊的施工现场未有效履行到岗到位职责，安全规程制度的执行不到位，对现场施工安全监管不严。监理单位对现场监理人员的管理不严，监督、检查、考核不力。

4）基建项目管理单位和部门对分包管理和特殊专项施工管理不到位。超高压建设管理公司对施工单位执行公司分包安全管理规定的情况，监督、检查不到位，管理不细；对有较大风险的特殊施工作业现场，监督管控不到位，对施工、监理单位现场方案执行情况，人员到位情况监督、检查不力。公司基建管理部门对建设管理单位安全管理不到位的情况，缺乏有效掌握，管理考核不到位。

【事故中的"违"与"误"】

（1）"违"的主要表现。

1）劳务分包单位施工班组班组长涂××不服从管理，为赶工程进度，违背施工承包单位的休工指令，擅自组织人员开工。

2）劳务分包单位施工作业人员不执行《特殊施工方案》规定的施工工艺，而是采取十分错误的违背技术原理的施工工艺，最终将"四分之三平衡"移线、锚线施工工艺变成了"0平衡"施工工艺，并使铁塔在不平衡力（附加力偶矩）的作用下发生扭曲和倒塌。

（2）"误"的主要表现。

现场施工队伍和人员缺乏相应的专业技术素质和能力，工作前的"三交三查"以及工作中的监督管理和技术指导不到位，以致现场人员对《特殊施工方案》中规定的施工工艺缺乏应有的理解和认识，仅仅是凭经验盲目冒险蛮干。

四、调整杆塔失误

18. 湖北 730512 某 35kV 线路更换拉线，临时拉线系错拉棒，解正式拉线时造成倒杆，从杆上跳下，造成重伤

【事故经过】

1973 年 5 月 12 日 14 时 30 分，在湖北省某 35kV 线路架设工程中，有一基门型直线杆（架空地线终端）共有 6 根拉线，其中有 2 根挂错了，须更换。工程一队副队长王××带领工人祝××（男，23 岁）、邓××负责这项工作。邓××叫祝××在右杆上打一根临时拉线，自己则将该拉线的下端固定在左杆前正式拉线的拉棒上，而未按要求固定在右杆前正式拉线的拉棒上，王××未看出存在的问题，也去协助邓××绑拉线。待临时拉线绑好后，邓××便将右杆前正式拉线拆除，

造成该杆因受力失衡而向线路右侧倾倒，祝 ×× 急忙从杆上跳下，造成其右手腕骨折并脱臼。

【事故原因】

（1）直接原因。

1）不安全行为。

a. 工作人员在杆上有人作业时进行调整拉线的工作。

b. 工作班成员误将右杆前临时拉线系在左杆拉线的拉棒上，然后又错误地解除右杆前正式拉线。

c. 工作负责人监护不到位，未能及时纠正工作班成员的不安全行为。

2）不安全状态。由于右杆前临时拉线系错拉棒，因而当该杆正式拉线被拆除后，造成该杆因受力失衡而倾倒。

（2）间接原因（管理缺陷）。

1）施工单位安全管理比较薄弱，职工队伍的安全意识和专业技术素质比较低，缺乏相应的专业技术知识和经验，习惯性违章现象比较严重。

2）现场工作人员的精神状态不良，缺乏严、细、实的工作作风，没有认真核对拉线与拉棒的对应位置，盲目蛮干。

【事故中的"违"与"误"】

（1）"违"的主要表现。

上述不安全行为和不安全状态违反了《安规》中杆、塔上工作的有关规定。

（2）"误"的主要表现。

现场工作人员的安全意识淡薄，缺乏严、细、实的工作作风，精神状态不良，考虑问题不周。

19. 四川 831215 某 35kV 线路调整临时拉线，新临时拉线未安装即解除旧临时拉线，造成倒杆，随杆坠地群伤

【事故经过】

1983 年 12 月 15 日，在四川省某 35kV 线路改道工程中，因 26 号杆内角临时拉线过高，将某 10kV 线路的导线抬起，影响该 10kV 线路的送电，因而需要将该拉线降低。现场人员在未加设新临时拉线前，就将该临时拉线松开，造成倒杆，杆上 4 名作业人员随杆坠地，2 人重伤，2 人轻伤。

【事故原因】

（1）直接原因。

1）不安全行为。

a. 现场人员在杆上有人的情况下进行拉线的调整工作。

　　b. 现场人员在未加设新临时拉线前，就将原临时拉线松开。

　　2）不安全状态。

　　临时拉线被拆除后，电杆因受力失衡而倾倒。

　　（2）间接原因（管理缺陷）。

　　1）施工单位安全管理比较薄弱，职工队伍的安全意识和专业技术素质比较低，缺乏相应的专业技术知识和经验，施工方案和组织技术措施存在漏洞和薄弱环节，以致杆塔立起后才发现临时拉线将 10kV 线路导线抬起，被迫进行返工。

　　2）在处理临时拉线缺陷的过程中，现场管理混乱，工作负责人失职，未针对实际情况采取正确的调整方法和步骤，而是盲目冒险蛮干。

　　【事故中的"违"与"误"】

　　（1）"违"的主要表现。

　　违反了《电业安全工作规程（线路部分）》中"杆塔上有人时，不准调整或拆除拉线"的规定。

　　（2）"误"的主要表现。

　　现场工作人员的安全意识淡薄，对临时拉线的作用缺乏应有的认识，对《安规》中关于调整拉线的相关规定不熟悉、不理解，以致采取错误的工作程序和方法。

五、冒险蛮干

20. 湖北 040809 某 10kV 线路事故处理，现场管理不到位，冒险攀登危杆并进行解除导线的作业，随杆坠地死亡

【事故经过】

2004 年 7 月 9 日，湖北省某 10kV 双回共杆线路因龙卷风造成 41 ~ 49 号杆倾倒，37 ~ 40 号杆存在不同程度的损伤，其中 37 号从杆基到杆高约 1.8m 处有多条不同长度的横向裂痕，被鉴定为危杆。由于风雨天气和排涝急需用电的缘故，在临时利用事故线路的一段分支和一段新架线路，并在对 37 号杆进行加固处理后，于 7 月 11 日对该线路恢复了送电。

8 月 9 日上午 5 点 54 分，工作负责人陈甲带领 9 名工作班

成员对该线路改道段进行完善处理。上午 10 时左右，在 36 ~ 37 号之间新立电杆（37-1 号）上工作的陈乙和程 ××，在工作负责人陈甲的指挥下开始剪断该杆大号侧的高压线，以期 37 号杆能自行倒下，但至 12 时左右，当 6 根高压线全部被剪断后，仍未发现 37 号杆出现异常情况。此时，该杆上还有 4 根低压线。

12 时 20 分左右，上午的工作结束。工作负责人陈甲利用中餐人员集中的时机与大家商定，先将新架线路施工完毕，然后在 38 号杆加装临时拉线，再从 38 号杆剪断至 37 号杆上架设的低压线，让 37 号杆自行倒下。如果仍然不能自行倒下，就利用剪断的低压线将 37 号杆拉倒。

由于当天气温很高，非常炎热，下午 3 点 30 分才开始作业。下午 5 时 20 分左右，陈甲安排陈乙、程 ×× 作放倒 37 号杆的准备，并交代 37 号杆不准上杆，然后到新架设线路段查看。不久，陈乙到附近农民家中借梯子，现场只留下程 ×× 一人。当陈乙借梯子走出农民家门约 5m（离 37 号杆约 30m）时，看到程 ×× 已登上了 37 号杆，并发现该杆已开始倾斜，并随即倒下。陈乙丢下梯子紧急呼救，现场工作人员在附近群众协助下抬起电杆，搬出程 ××，发现其头部大量出血，又紧急拨打 120。当 120 急救人员赶到现场时，认定程 ×× 已经死亡。

经现场检查，在 37 号杆的 4 根低压线中，左侧的两根已经解开，右侧的一根被扯断，另一根铝线被拉脱，钢芯裸露。程 ×× 的黄色安全帽被砸破，安全带围杆绳没有围上电杆。

【事故原因】

（1）直接原因。

1）不安全行为。现场工作人员未严格执行工作票中所列"37 号杆是危杆，严禁登杆作业"的安全措施，程 ×× 在无人监护的情况下登上 37 号危杆并进行解除低压线的作业。

2）不安全状态。在 37 号从杆基到杆高约 1.8m 处有多条不同长度的横向裂痕，被鉴定为危杆的情况下，又相继解开 6 根高压导线和左侧的两根低压导线，导致电杆因受力失去平衡而倾倒。

（2）间接原因（管理缺陷）。

1）现场安全管理不到位，违章作业未能有效制止。

2）工作负责人不认真执行《安规》中有关立杆、撤杆的规定，未认真制订正确的施工方案，也未按照要求将方案上报审查，错误地指挥断开新立杆与 37 号杆之间的两回 10kV 线路的 6 根导线，给事故留下严重隐患。

3）供电所在 8 月 9 日施工任务较重的情况下，没有派维护班负责人到现场督促施工安全措施的落实，在生产管理方面存在较大漏洞。

4）生技科的生产技术管理存在漏洞，对生产管理与事故处理程序存在的问题未能及时予以纠正。对生产流程监控有疏漏。

5）供电公司在安全生产管理方面存在漏洞，特别是少数基层供电单位对农电工安全教育培训及管理不严格，农电工的自保互保意识较差。

【事故中的"违"与"误"】

（1）"违"的主要表现。

上述不安全行为和不安全状态违反了《安规》中立、撤杆的有关规定，以及工作票所列安全措施。

（2）"误"的主要表现。

事故当事人安全意识淡薄，缺乏相应的安全生产知识和专业技术知识，盲目冒险蛮干。

21. 湖北 ××0814 在某 110kV 线路拆除导线的工作中，工作负责人冒险蛮干致电杆折断倾倒，两人随杆坠落死亡

【事故经过】

由于某 110kV 废旧线路连续五次多处被盗，8 月 10 日 ××工区检修技术员刘 ×× 带领毕 × 等三人勘察了工作现场，发现 26 ～ 31 号杆东侧一相导线被盗，并制定了拆除方案。

8 月 14 日上午，工区自行安排拆除该线路残留的旧导线及架空地线，带电二班班长毕 × 为现场总指挥，工作成员 14名分成三组，其中毕 × 带领 4 名班员为第三组，负责在 28 号杆（∏-18m 型混凝土杆）处工作。

10 时 40 分，第三组到达工作地点后，发现 28 ～ 31 号杆之间原来剩余的两相导线又被盗，28 号杆因受力不平衡而向

西南稍有扭斜。对于发现的新情况，该组负责人没有采取任何措施便安排工作班成员杨×、侯×登杆工作，杨×听从安排去上杆，而侯×则提出异议，认为上杆工作安全无法保证，要求打拉线后再上，但毕×未采纳其意见，而是改由工作班成员严××上杆，严××也未答应。此时，工作班成员王×（班技术员）也给毕×提出要打拉线，不打拉线太危险，但毕×不仅不听劝告，而且还负气亲自登杆工作。

10时50分左右，当毕×在杆上松开东边的架空地线又到西边帮杨×松另一根地线时，东边立杆在离地0.4m处扭折，随后西边立杆也从根部折断，整个∏型杆向南倾倒，毕×、杨×二人随杆倒落地面，内伤严重，送市人民医院抢救无效死亡。

【事故原因】

（1）直接原因。

1）不安全行为。

a.在电杆因受力不平衡而发生扭斜的情况下，现场总指挥兼第三小组负责人不听劝告，坚持不打临时拉线，不仅违章安排工作人员上杆工作，而且还负气亲自登杆作业。

b.拆线的顺序不正确，导致电杆受力状况进一步恶化。正确的拆线顺序应该是：小号侧西边相导线→小号侧中相导线→西侧架空地线→东侧架空地线。而现场作业顺序却刚好与之相反，以致东侧架空地线被拆除后，造成电杆两侧受力极度不平衡。

2）不安全状态。

28号杆因其大号侧导线全部被盗，只剩有两根架空地线，而在其小号侧，除了两根架空地线外，还有两相导线，因而电杆受力不平衡并产生扭斜，更加上该杆已架设40年之久；混凝土沙化严重，电杆的抗倾覆能力大大下降，因此，如果不打临时拉线是相当危险的，尤其是当错误地解除该杆东侧的架空地线后，电杆的受力状况进一步恶化，并已超出电杆的承受能力，从而导致电杆东侧立杆在距地面0.4m处扭折，并带动其西侧立杆也从根部折断，整个电杆向南倾倒。

（2）间接原因（管理缺陷）。

1）施工单位安全管理薄弱，对职工的安全思想教育和专业技术培训不到位，导致干部和职工队伍安全意识淡薄，专业技术素质与实际工作需要存在较大的差距，看不出工作现场存在的重大安全隐患和问题，更谈不上采取有针对性的控制措施，尤其是当发现现场工作条件发生重大变化的情况下，没有引起警惕和重视，没有针对实际情况检查核实原工作方案和控制措施是否与现场实际需要相适应，而是盲目冒险蛮干。

2）整个拆线工作的组织安排不合理，没有制定完善的组织技术措施，拆除导地线的顺序不明确，带有很大的盲目性，用人不当，现场安全管理混乱，组织指挥失误。

3）所派现场总指挥兼第三小组负责人不称职，不仅工作能力难以胜任其职，而且在工作作风上也存在严重问题，听不进不同意见，顽固坚持错误做法，并带头违章冒险蛮干。另外，总指挥兼任小组负责人的做法，使各小组的工作失去了应有的监督管理，不利于整个工作安全、顺利地进行。

【事故中的"违"与"误"】

（1）"违"的主要表现。

1）上述不安全行为和不安全状态违反了安规中关于进行杆塔上的工作和撤线工作的有关规定。

2）现场总指挥兼第三小组负责人负气亲自上杆作业，还违背了安规中关于工作监护制度的有关规定。

（2）"误"的主要表现。

1）现场负责人的安全意识和专业技术素质与实际工作需要存在较大的差距，看不出工作现场存在的重大安全隐患和问题，更谈不上采取有针对性的控制措施，尤其是当发现现场工作条件发生重大变化的情况下，没有引起警惕和重视，没有根据现场情况检查核实原工作方案和控制措施是否与实际工作需要相适应，而是采取错误的拆线顺序和方法。

2）现场施工方案和组织技术措施不完善，操作顺序不明确，组织不合理，用人不当，导致工作负责人带头违章作业，盲目冒险蛮干。

六、外力拉挂

22. 湖北 991229 某 220kV 线路放线，导线牵引板卡住跨越架，通信出现盲区，盲目登杆处理，随杆坠地死亡

【事故经过】

1999 年 12 月 29 日上午，在湖北省某 220kV 线路 26 ~ 34 号耐张段放线施工中，小组负责人申 ×× （男，29 岁）与陈甲、陈乙、李 ×× 一道负责该线路 27 号杆 150m 处的某 10kV 带电线路跨越架的过线工作。9 时 40 分左右，当双分裂导线牵引板距该跨越架 20m 左右时，施工领导人王 ×× 随牵引板同时到达现场，他估计牵引板过跨越架时可能被挂住，于是用对讲机通知牵引机操作人员停止牵引。此时，牵引板已接

触到跨越架的横梁而停止移动，申××误以为牵引已经停止，便攀登跨越架左后立柱（拖杆）准备上去处理。然而，就在其上到约 4m 高处时，跨越架突然倾倒（被牵引机拉倒），申××被摔至坡下一沟中（坠落高度约 6m），当即被送往市第一人民医院救治。

经医院初步检查，诊断申××的伤情为左部髋关节脱臼，脊椎第三节与第五节有轻微骨折，并于 13 时对申××进行了脱臼复位手术，但未能及时对申××体内的受伤状况进行必要的检查。直到 23 时 30 分左右，当院方发现申××呼吸困难、病情不稳定时，才于 30 日 1 时左右对申××进行 CT 检查。检查结果为：头部无异常，肺部有出血，后腹膜血肿，肾脏有震伤症状。30 日 5 时左右，申××的病情开始恶化，经抢救无效于 8 时 35 分死亡。

【事故原因】

（1）直接原因。

1）不安全行为。事故当事人既没有得到牵引机操作人员的应答，也没有观察导线的受力变化就误认为牵引机已停，从而在跨越架经受牵引力的情况下，错误地攀登跨越架立柱进行工作。

2）不安全状态。

a. 经现场验证，该跨越架与牵引机之间因地形原因而处于通信盲区，相互之间的报话机不能通话。

b. 牵引板挂住跨越架以后，牵引机械仍继续牵引（额定出力为 5t），并将跨越架的临时拉桩拔起，造成跨越架倾倒。

（2）间接原因（管理缺陷）。

1）施工中有抢进度的现象。为确保预定工期，在多处跨越的情况下，组织不细、管理不严，没有处理异常情况的应急措施。施工班在放线前进行报话机调试时，未进行工作点之间的实地通话演练，而是当面对试，因而未发现通信盲区的问题。

2）跨越架工作人员是带电班人员，因工程队人力缺乏而被抽调进行该项工作，缺乏看护跨越架的经验，不熟悉相关安全规定，以致在未得到机械牵引人员的应答，并确认牵引机已停止牵引的情况下，盲目违章攀登跨越架。

3）牵引机械操作人员缺乏相应的安全知识和经验，在牵引力和导线弧垂已发生较大变化的情况下，仍然继续牵引。

4）医院对申××的伤情未能及时进行全面检查，以致错过了对申××进行抢救的时机。

【事故中的"违"与"误"】

（1）"违"的主要表现。

上述不安全行为和不安全状态违反了《安规》中展放导线的有关规定。

（2）"误"的主要表现。

1）跨越架处工作人员系带电班人员，缺乏看护跨越架的经验，尤其是进行应急处理的经验。

2）牵引机械操作人员缺乏相应的安全知识和经验，在牵引力和导线弧垂出现较大异常的情况下，未引起注意，因而未采取相应的停机检查措施。

3）在通信工具的使用上，未进行实地对讲调试，导致通信盲区的问题未得到及时发现。

23. 湖北 050720 某低压线路处缺，电杆被汽车拉偏，不检查杆根受伤情况即登梯作业，压断电杆，坠落重伤

【事故经过】

2005 年 7 月 18 日，湖北省某低压线路 1 ～ 2 号杆间导线被汽车挂断两根，1 号杆向西微倾。20 日 8 时左右，供电所工作负责人杨 ×× 带领长期聘用的村电工张 ×× 等 3 人到现场进行处理。在停下配电变压器高压跌落式熔断器后，工作负责人杨 ×× 到 2 号杆挂 2 号接地线，张 ××（男，42 岁）到 1 号杆挂 1 号接地线。1 号杆位于农户猪圈内，杆基被粪土掩埋，张 ×× 将木梯抵住电杆西侧的下横担，然后站在梯上挂好接地线，并将安全带打在下横担上部的杆身上，等待另一名工作人员来配合其安装临时拉线。大约 9 时 20 分，猪圈里的猪拱

了一下木梯，张××因惊吓而晃动身体，致使电杆从根部折断，其人随电杆坠落至院墙外地面，造成左上臂轻微骨裂及局部皮外伤，左大腿腿骨骨裂。经现场检查，电杆折断处与水泥地面平齐，其断面有 3/5 的旧痕。

【事故原因】

（1）直接原因。

1）不安全行为。

a. 事故当事人在电杆已经受力倾斜的情况下，未检查杆根是否牢固就登杆作业。

b. 工作负责人安排张×× 单独在 1# 杆作业，工作现场无人监护。

2）不安全状态。

经现场检查确认，电杆受外力拉挂后，其根部已产生大约 3/5 周长的横向裂痕，因而承受不了人和梯子晃动对电杆造成的作用力，并导致电杆从裂纹处完全折断而倒下。

（2）间接原因（管理缺陷）。

1）工作单位对职工的安全教育和技术培训不到位，导致职工的安全意识淡薄，习惯性违章现场比较严重。

2）工作前未对作业现场进行认真的勘察，未能及时查明电杆受冲击后的受损情况，未能结合现场实际制定正确完备的安全措施，致使工作现场存在重大安全隐患。

3）工作负责人未结合现场实际向工作班成员进行"三交三查"，而是安排张×× 一人单独到有事故隐患的 1# 杆工作现场，以致张×× 在无人监护的情况下出现了不安全行为。

【事故中的"违"与"误"】

（1）"违"的主要表现。

1）工作负责人的行为违反了安规中工作监护制度的有关规定。

2）张××违反了安规中关于杆塔工作的有关规定。

（2）"误"的主要表现。

工作负责人安排不当，导致缺乏工作经验的张××在1#杆单独作业。

24. 湖北 830914 某用户业扩工程，用汽车展放导线，滑车卡住导线，拉倒电杆，跳下受重伤

【事故经过】

1983 年 9 月 14 日，湖北省某供电局电装队业扩一班，在市果品冷库业扩工作中，现场纪律松弛，措施不力，指挥失误，用汽车施放导线时，因导线卡在滑轮中而将一基 12m 混凝土电杆拉倒。杆上作业人员解开安全带，从 8.6m 高处跳下，造成左手腕骨折，腰椎压缩性骨折。

【事故原因】

（1）直接原因。

1）不安全行为。

现场纪律松弛，指挥失误，违规用汽车施放导线。

2）不安全状态。

展放中的导线被挂在 12m 混凝土电杆上的滑轮卡住后，因信息传递不及时，汽车仍继续前行，并将电杆拉倒。

（2）间接原因（管理缺陷）。

1）施工单位对职工的安全教育和专业技术培训不到位，安全管理要求不严格，导致现场劳动纪律松弛，习惯性违章现场比较严重。

2）没有结合现场实际制定正确完备的组织技术措施，对用汽车放线的危害性认识不足，对于放线中可能发生导线被放线滑车卡住这一常见故障，没有结合实际采取切实可行的安全预控和应急处理措施，以致组织指挥失误，在出现意外情况时不能及时制止汽车前行，并导致出现将电杆拉倒的严重后果。

【事故中的"违"与"误"】

（1）"违"的主要表现。

上述不安全行为和不安全状态违反了安规中"放线、撤线和紧线工作，均应设专人统一指挥，统一信号，检查紧线工具及设备是否良好"的规定。

（2）"误"的主要表现。

对用汽车放线的危害性认识不足，缺乏相应的安全意识和施工经验，对于放线中可能发生导线被放线滑车卡住这一常见故障，没有结合实际采取切实可行的安全预控和应急处理措施，以致在故障发生时手忙脚乱，猝不及防。

七、突然断线

25. 湖北 930724 在某 10kV 线路改造工作中，现场管理混乱，民工突然剪断导线，一人随杆坠落死亡

【事故经过】

1993 年 7 月 24 日，在某县城东 10kV 线路改造工程中，县电力局服务公司负责撤除某 10kV 双回共杆线路的导线，并给新线路接火。其中，旧线路的 #15 杆应撤除两条主线路和两条分支线共计 12 根导线。当天上午只撤除了 9 根，某砖瓦厂分支线因跨公路和国防通信线，现场决定当天暂不撤除。为撤线而设置在该杆上的三根临时拉线也有两根因妨碍交通而被撤除，只保留了一根与未撤分支线方向相反的临时拉线。

17 点左右，施工现场开始下雨，工作负责人宣布收工，交待完注意事项后即离开现场处理其他事情去了。之后，桐树店砖瓦厂负责人因急于用电，私下找到民工朱××（曾当过村电工），请朱××帮忙将该厂分支线从 #15 杆上撤除，以便转接到新线路上去。朱××答应后，在没有采取任何安全措施的情况下单独登杆作业。17 点 25 分左右，当朱××在该杆上用钢丝钳剪断该分支的三相导线后不久，该杆便向临时拉线方向倒下，朱××来不及解开安全带而随杆落地，经送医院抢救无效于当日 19 点 25 分死亡。

【事故原因】

（1）直接原因。

1）不安全行为。

a. 民工朱××在未经工作负责人许可，未采取防倒杆措施，且未戴安全帽的情况下，违章登杆作业，并采用突然剪断导线的方法撤线。

b. 工作负责人离开现场时，未指定临时负责人，导致现场无人监护，工作人员的行为失去相应的管控。

2）不安全状态。

当朱××在该杆上用钢丝钳剪断该分支的三相导线后，由于导线反方向临时拉线的作用力，以及突然断线对电杆产生的冲击力导致电杆根部受损，并造成倒杆事故。

（2）间接原因（管理缺陷）。

1）拆线工作未制定正确完备的施工方案和组织技术措施，现场管理混乱，工作负责人因其他的事情离开现场时未指定临时负责人，导致出事时现场无人负责，违章作业无人制止。

2）某县电力局服务公司对民工教育管理不到位，劳动纪律不严，以至于民工敢于背着工作负责人，擅自越权答应用户的要求，并违章从事不应该干的事情。

【事故中的"违"与"误"】

（1）"违"的主要表现。

1）违反了《安规》中"紧线、撤线前，应检查拉线、拉桩及杆根。如不能适用时，应加设临时拉线"，以及"严禁采用突然剪断导、地线的做法松线"的规定。

2）民工朱××违犯劳动纪律，背着工作负责人，擅自越权答应用户的要求，违章从事不应该干的事情。

（2）"误"的主要表现。

民工朱××业务素质差，对安规中的相关规定不了解，不懂得撤线工作应采取哪些安全措施，对电杆的受力状况及其抗倾覆的能力心中无数，盲目冒险蛮干。

26. 湖北 030115 某 10kV 旧线路撤线，解开导线后直接往下放，导线舞动、断线并引起电杆倒断，随杆坠地死亡

【事故经过】

2003 年 1 月 15 日 10 时左右，在湖北省某 10kV 线路 5 ~ 20 号杆旧线拆除工程中，施工负责人带领 5 名村电工和 20 余名民工拆除该线路 8 ~ 20 号耐张段旧线。登杆作业前，对两端耐张杆进行了检查，并对其拉线进行了紧固，然后依次登杆将 9 ~ 13 号杆旧导线解开并放下。但是在解开 14 号杆 B 相导线（A、C 相已放下）时，因未采用绳索放线，造成导线舞动并突然断线（钢芯锈蚀严重，并有一"筋钩"未处理），致使 15 号杆从地面处折断，杆上人员邓 × ×（男，48 岁，村电工）随杆坠地死亡。

【事故原因】

（1）直接原因。

1）不安全行为。

a. 14 号杆工作人员解开导线后未用绳索往下放。

b. 工作监护人失职，未及时纠正杆上人员的不安全行为。

2）不安全状态。导线钢芯锈蚀严重，并有一"筋钩"未处理，在突然落下时，产生舞动并突然断线，致使 15 号杆从地面折断。

（2）间接原因（管理缺陷）。

1）施工人员安全思想不牢，执行规程制度不严，存在图省事、抢进度的思想。

2）施工"三措"不完善，对村电工和民工的安全教育和安全监督管理不到位，存在习惯性违章现象。

【事故中的"违"与"误"】

（1）"违"的主要表现。

上述不安全行为和不安全状态违反了《安规》中撤线工作的有关规定。

（2）"误"的主要表现。

施工人员安全思想淡薄，专业技术素质低，对突然放线的危害性认识不足，盲目蛮干。

27. 四川 080229 在某低压线路改造工作中，因突然剪断一侧导线，导致电杆向另一侧折断，杆上作业人员高空坠落死亡

【事故经过】

2008 年 2 月 29 日，在某 380/220V 新建工程中，根据施工单位提出的书面停电申请，供电局按规定程序进行配合停电工作。

9 时 06 分，当供电局赵场供电所电工郑 ×、张 ×× 到某 10kV 支线 14# 杆 T 接书房台区公变进行停电操作时，听村民讲施工作业现场发生了倒杆坠落事故。

两人赶到现场后，发现书房台区公变低压刀闸已被拉开，书房台区低压 3# 杆大号侧导线被剪断掉在地上，该杆（方杆）从根部断裂，杆上作业人员李 ×× 倒卧在断裂了的电杆上，

经询问在场另一工作人员邓××，得知两人均为施工单位作业人员。当120急救车赶到现场时，医护人员当场确认杆上坠落人员已死亡。

赵场供电所所长徐×得知情况后，立即向供电局进行了汇报。供电局和赵场供电所相关人员随即赶赴现场。经现场检查，发现在公变台架下有一PVC管，经询问施工人员邓××，邓承认是死者李××用该PVC管拉开了配变低压侧的刀闸，同时，在邓××身上还发现有施工单位签发的未经许可的线路第一种工作票。

【事故原因】

（1）直接原因。

1）不安全行为。

a. 施工单位未履行工作许可手续，便进入作业现场进行作业。

b. 施工单位擅自违章并越权进行配变低压出线的停电操作。

c. 施工单位现场作业人员在未采取防倒杆措施的情况下便登杆进行撤线工作，并违章直接剪断导线。

2）不安全状态。

低压方杆属于被淘汰的强度存在较大问题的杆型，在这样的电杆上工作，不仅不采取相应的防倒杆措施，反而还采取突然剪断导线的错误方法进行松线，以致电杆在突变的不平衡应力作用下，造成根部断裂和倾倒。

（2）间接原因（管理缺陷）。

1）施工单位安全管理混乱，工作人员的安全意识和业务技术素质比较差，工作的随意性大，违章作业严重。在承发包双方签订的《安全施工合同》中明确规定：涉及工程施工的停送电由供电局负责；在双方进行现场查勘和安全技术交底时，也明确了停电范围、停送电联系人、防止触电、防止倒杆等相关事项和措施，但施工单位工作人员却在未与电业局取得联系、未经许可情况下，私自到现场进行停电操作和开工。

2）供电局赵场供电所对外包工程安全管理执行力不强，未按供电局《农村配网发包工程安全管理规定》及《发包工程安全管理规定》的规定，对施工单位进行安全技术交底，放松了对施工单位的监管与控制，以致没能及时发现并制止施工单位私自停电操作，私自开工的违章行为。

【事故中的"违"与"误"】

（1）"违"的主要表现。

1）施工单位违反了安规中关于工作票制度、工作许可制度、倒闸操作和撤线工作的相关规定，以及《安全施工合同》的相关条款。

2）发包单位违反了《农村配网发包工程安全管理规定》及《发包工程安全管理规定》，没有认真履行安全技术交底和现场监督管理职责。

（2）"误"的主要表现。

工作人员的安全意识和业务技术素质比较差，缺乏相应的安全和专业技术知识，对安规和相关安全规定不熟悉，盲目冒险蛮干。

八、设备装置性缺陷

28. 湖北××1202某110kV线路架设工程，拉盘制造质量低劣，拉棒从拉盘中拔出，随杆坠地重伤

【事故经过】

19××年12月2日，在湖北省某110kV线路架设工程中，某工程队工人李××（男，36岁）在104号耐张杆搭接跳线时，因该杆外角拉线的拉棒从拉盘中拔出而造成倒杆，李××随杆坠落，造成左大腿粉碎性骨折和颅骨骨折。经查实，倒杆原因是拉盘的制造质量有问题，即拉盘的拉环未与钢筋混凝土的配筋相连接，以致受力后从拉盘中脱出。

【事故原因】

（1）直接原因。

1）不安全行为。

施工单位在作业中使用非正规厂家生产的存在严重质量问题的拉线盘。

2）不安全状态。

电杆拉线使用的拉盘存在制造质量问题，即拉盘的拉环未与钢筋混凝土的配筋相连接，导致拉环的抗拔能力大大降低，并在正常受力的情况下从拉盘中脱出。

（2）间接原因（管理缺陷）。

施工用拉线盘系施工单位附属的家属厂制造，其人员素质和安全生产管理水平均比较低，不具备相应的资质条件，生产过程存在较多的问题和薄弱环节，而施工单位对拉盘的生产质量是否符合规范要求，未引起足够的重视，缺乏相应的安全防范意识，未建立必要的质量监督和验收制度，以致将存在严重安全隐患的产品引入施工作业现场。

【事故中的"违"与"误"】

（1）"违"的主要表现。

违反了施工质量管理的相关规定，违规使用非正规厂家生产的劣质产品。

（2）"误"的主要表现。

施工单位对拉盘生产质量的重要性认识不够，缺乏相应的安全防范意识，对家属厂的生产过程缺乏应有的监督管理和技术指导，未建立必要的试验检查和验收制度，以致将存在严重安全隐患的产品引入施工作业现场。

29. 湖北 001223 在某 10kV 线路放紧线工作中，因耐张杆存在设计及施工质量问题，加之现场安全措施不完善，导致两人随杆坠落受伤

【事故经过】

2000 年 12 月 23 日，某供电所在进行 10kV 千弓线改造工作中，担负着 1# ~ 9# 杆放、紧线（导线型号为 LGJ-50）的工作任务。

大约 18 时左右，天已黑，当工作人员在 9# 杆用收线车将最后一根导线固定，牵引人员放松手中的导线时，9# 杆突然向小号侧倾斜，并将固定临时拉线的角铁桩拔起，杆身落地折断为三节。杆上工作人员李 ×× （39 岁，村电工）和陈 × （40 岁，村电工）随杆坠落，造成陈 × 盆骨骨折，李 ×× 肩部软

组织损伤。

【事故原因】

（1）直接原因。

1）不安全行为。

a. 紧线前现场工作人员未按安规要求检查拉线、拉桩及杆根，并确认其是否适用。

b. 收最后一相导线时天已黑，施工现场无充足的照明，影响了施工人员对相关情况的观察与判断。

2）不安全状态。

a. 线路的施工质量存在多方面的问题，尤其是电杆埋深不够且回填土工艺质量不符合要求。该耐张杆为 10m 砼杆，埋深不应小于 1.7m，实际埋深不足 1.5m，其回填土因过于潮湿和松软而未达到夯实标准，且未按要求堆放防沉层。

b. 现场安全措施不完善，存在明显的问题和漏洞。施工地段位于土质松软的农田，9# 杆为直线耐张杆，但未设计安装永久性拉线，因此，三相导线所产生的张力只靠一根临时拉线平衡，而该拉线仅固定在前桩为 $75 \times 8 \times 1200$ 角铁的三连桩上，该角铁入土长度仅约 0.95m，其中还包括十几公分厚的耕作松土层，拉线对地夹角为 48° 左右（按规定一般不应大于 45°）。根据现场土质及杆塔受力状况分析，该角铁桩规格及埋设深度偏小，拉线对地夹角过大，致使角铁桩承受不了紧线张力对其形成的上拔力而被拔起。

（2）间接原因（管理缺陷）。

1）施工单位对职工的教育培训不到位，导致施工人员缺乏相应的安全意识和专业技术知识，并直接影响了线路的施工质量和现场安全措施的正确实施，为倒杆事故埋下伏笔。

2）施工作业前未制定施工方案和三措计划（组织措施、技术措施和安全措施），只是凭经验办事，跟着感觉走，带有较大的盲目性，现场人员对紧线时电杆以及临时拉线的受力状况是否平衡心中无数，尤其是当施工地点位于松软的农田时，不能根据现场实际正确选择角铁桩的规格及其设置的位置与深度，以致拉桩不能适应紧线工作的实际需要。

【事故中的"违"与"误"】

（1）"违"的主要表现。

1）违反了安规中"紧线、撤线前，应检查拉线、拉桩及杆根。如不能适用时，应加设临时拉线"的规定。

2）违反了国家电网《农村电网建设与改造工程施工安全管理办法》中"所有建设与改造工程必须有安全措施。安全措施必须在开工前向全体施工人员交代清楚，否则不得开工"的规定。

（2）"误"的主要表现。

现场人员缺乏相应的安全意识和专业技术知识，对紧线时电杆以及临时拉线的受力状况是否平衡心中无数，尤其是当施工地点位于松软的农田时，不能根据现场实际正确选择角铁桩的规格及其应设置的位置与深度，以致拉桩不能适应紧线工作的实际需要。

30. 浙江 060114 某 35kV 老旧线路撤线，两根拉棒锈断，拆除架空地线时发生倒杆，随杆坠地死亡

拉线棒断了！

【事故经过】

2006 年 1 月 14 日 11 时 50 分左右，浙江省某供电局在拆除某 35kV 线路导线的工作中（该线路架设于 1979 年，2000 年退役，线路全长 2.2km，共 13 基混凝土杆，导线为 LGJ-70），当某耐张段三相导线拆除完毕，拆除架空地线时，在 11 号杆（ZS4-3 型，全高 21m，共 4 根拉棒、8 根拉线）上作业的陈×ｘ（男，27 岁）将架空地线拆离后放至横担上，不料该杆西南及西北侧拉线棒突然被拔出（西南侧拉棒在地下 1.03m 处、西北侧拉棒在地下 1.16m 处断开），电杆向东面倾倒，陈×ｘ随杆坠地（安全带、后备保护绳系在杆上），经抢

救无效死亡。

经开挖检查，该两根拉线棒四周地表以下 60 ~ 70cm 的土质，由普通种植土变为含水量较高、腐蚀性较强的淤泥，拉棒的腐蚀程度也明显加剧。据调查，该位置比另外 2 根拉线棒的相对位置低 2m 左右，原来是稻田，后来在上面覆盖了 60cm 左右的种植土，改为栽培桔树，由于附近养猪场废水的渗入，在该处形成了局部强腐蚀环境。

【事故原因】

（1）直接原因。

1）不安全行为。施工人员在撤线前未检查杆根及拉线的腐蚀情况，未采取相应的防倒杆措施。

2）不安全状态。电杆西南及西北的拉线棒在地表以下 60 ~ 70cm 被严重腐蚀，已失去其应有的作用，由于未采取相应的防倒杆措施，导致该拉线在电杆不平衡应力的作用下被拉断，并引起倒杆。

（2）间接原因（管理缺陷）。

1）相关领导对于多年未维护检修的老旧线路的拆除工作重视不够，对施工安全的复杂性和危险性认识不足，导致现场勘察及危险点分析不全面、不到位，施工组织技术措施不完善、不严密，存在漏洞和薄弱环节。

2）施工人员对拉线附近污染源的危害性认识不足，缺乏应有的警惕性和安全忧患意识，对有污染源的拉棒未进行开挖检查，不能及时发现存在的安全隐患并采取相应的防范措施。

【事故中的"违"与"误"】

（1）"违"的主要表现。

上述不安全行为和不安全状态违反了《安规》中关于撤线工作的有关规定。

（2）"误"的主要表现。

上述管理缺陷反映出施工单位对老旧线路的拆除工作不重视，对施工作业的复杂性和危险性认识不足，同时也反映出在设备的运行管理方面存在漏洞和薄弱环节。